自己动手做
沙拉与酱汁

郑颖 编著

甘肃科学技术出版社

图书在版编目（CIP）数据

自己动手做沙拉与酱汁 / 郑颖编著. -- 兰州：甘
肃科学技术出版社，2017.9
　ISBN 978-7-5424-2432-7

　Ⅰ．①自… Ⅱ．①郑… Ⅲ．①沙拉—制作②调味酱—
制作 Ⅳ．①TS972.118②TS264.2

　中国版本图书馆CIP数据核字(2017)第238180号

自己动手做沙拉与酱汁

ZIJI DONGSHOU ZUO SHALA YU JIANGZHI

郑颖　编著

出 版 人　王永生
责任编辑　黄培武
图文制作　深圳市金版文化发展股份有限公司

出　版　甘肃科学技术出版社
社　址　兰州市读者大道568号　730030
网　址　www.gskejipress.com
电　话　0931-8773238（编辑部）　0931-8773237（发行部）
京东官方旗舰店　http://mall.jd.com/index-655807.html

发　行　甘肃科学技术出版社　　印　刷　深圳市雅佳图印刷有限公司
开　本　720mm×1016mm　1/16　印　张　13　字　数　200千字
版　次　2018年1月第1版　　印　次　2018年1月第1次印刷
印　数　1～6000
书　号　ISBN 978-7-5424-2432-7
定　价　35.00元

CONTENTS 目录

Chapter 01
做沙拉前的准备

Chapter 02
瘦身低脂肪沙拉

Chapter 03
排毒水果沙拉

Chapter 04
健身蛋白质沙拉

Chapter 05
饱腹感十足的沙拉

Chapter 06
低热量主食沙拉

做沙拉前的准备

美国好莱坞一位叫罗伯特·考伯的人创作了考伯沙拉。有一天他把冰箱里的所有食材拌在一起吃，并制作出了独一无二的酱汁。这让他在很长时间垄断了这款沙拉，没有人知道酱汁的做法，可它却受到很多人的追捧。

这证明：沙拉是一款拥有创新精神的菜式。本部分就抛砖引玉，助你做一款专属你的沙拉！

美妙的
沙拉油

部分沙拉酱主要由油和醋组成，其中的油可不仅仅只是普通的植物油。为了更好地调味，沙拉油可以浸渍香草，让香草的芳香融入油中，视觉上更是一种享受。制作沙拉时，淋入香草浸泡过的油，更是别有风味。

白色香草油

材料

{ 百里香油 = 基础油 150 毫升 + 百里香 2 枝 }

做法

1 锅内倒入基础油，放入香草，用小火煮5分钟。

2 当香草周围产生小气泡时，关火冷却。

Tips

● 还可将百里香替换为迷迭香、牛至、鼠尾草、罗勒、龙蒿等香草。

● 香草放入油中前，先用刀背轻拍，能让香草味道更好地融入油中。

● 基础油：可用初榨橄榄油和芥花籽油以1：1或1：2的比例混合。

绿色香草油

材料

{ 罗勒油 = 基础油 250 毫升 + 罗勒 40 克 }

做法

1 将罗勒取下，放入盐开水中烫20秒，再放入冷水中冷却。

2 擦干水分，倒入基础油中，用搅拌器搅拌均匀，用棉布过滤去残渣即可。

Tips

● 还可使用薄荷、香芹、莳萝、虾夷葱制作。

● 香草稍微烫一下可以保持鲜绿。

● 如果带香草枝一起使用，可使味道更浓郁，但是焯烫时需增加时间至1分钟。

柠檬香草油

1

2

3

材料

{ 柠檬油 = 基础油 100 毫升 + 柠檬皮 1 个分量 }

做法

1 将柠檬洗净，用擦丝器将柠檬皮擦下来。

2 把柠檬皮放入干净的碗中，倒入基础油，放置一天。

3 将香草荚打开，剥出适量籽，将籽与豆荚一起放入柠檬油中，放置于常温处2小时，过滤即可。

Tips

● 还可使用青柠檬、橙子制作。

● 果皮只选用外皮，不要使用内面白色部分，否则有苦味。

香料油

材料

{ 咖喱油 = 基础油 250 毫升 + 大蒜 1 瓣 + 咖喱粉 15 克 + 香叶 1 片 + 新鲜百里香 2 根 }

做法

1 锅中注油烧热，放入大蒜瓣爆香，放入咖喱粉拌匀。

2 转小火，再注入适量油，放入香叶。

3 再放入百里香，5分钟后放置冷却，再用棉布过滤即可。

Tips

● 还可使用五香粉、胡椒粉等，制成的油风味各有不同。

● 一定要注意火候，温度过高容易熬焦。

在家也能做分子料理

说起分子料理，许多人可能会想到"颠覆""高端""艺术"等词。其实，简单来说，分子料理就是让食材变成另一种形态，打破其原有外形。这里就介绍几种在家也能轻松制作的分子料理。

果汁分子料理珠

材料

{ 海藻胶粉 1 克，乳酸钙粉 4 克，果汁 150 毫升，清水 700 毫升 }

做法

1 将海藻胶粉倒入果汁中，用电动搅拌器搅打至变黏稠。

2 将乳酸钙粉倒入清水中，搅拌至钙粉溶化。

3 用滴管或量勺将果汁滴入钙水中。

4 静置片刻，待果汁分子料理珠凝结稳定后，用器具将其捞出即可。

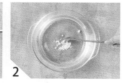

Tips

● 当果汁过于浓稠时，添加适量清水稀释，再取固定分量制作，比例不失调即可。

● 用勺子舀果汁轻轻放入钙水中，再快速倒出，这样做出的分子料理珠较大粒。

泡沫

材料

{ 酱油 150 毫升，水 50 毫升，大豆卵磷脂 5 克 }

做法

1 把酱油和水充分拌匀。

2 分次加入大豆卵磷脂。

3 用搅拌器快速搅拌。

4 搅拌至表面有大量泡沫即可。

Tips

● 也可将酱油替换成各种奶类、蔬菜汁等。

● 大豆卵磷脂易受潮，应密封保存。

● 用电动搅拌器更加方便制作。

果冻

材料

{ RIO 酒 70 毫升，水 80 毫升，明胶粉 15 克 }

做法

1 锅中注入少许清水烧热。

2 分次加入明胶粉，搅拌均匀。

3 加入RIO酒，待混合物即将沸腾时取下锅，将混合物倒入碗中，放入冰箱冷却。

4 将冷却好的果冻取出即可。

Tips

● 煮制时一定要分次倒入明胶粉，并且不停搅动，以免凝结成颗粒。

水晶饺子皮

做法

1 将蜂蜜与水混合均匀，倒入锅中，开火。

2 分次加入明胶粉，搅拌均匀。

3 待混合物即将沸腾时取下锅，将混合物倒入小碟中，放入冰箱冷却。

4 将冷却好的饺子皮取出即可。

材料

{ 蜂蜜 20 克，水 80 毫升，明胶粉 15 克 }

Tips

● 煮时一定要分次倒入明胶粉并且不停搅动，以免凝结成颗粒。

● 可在碟子上抹一层橄榄油，更方便脱模。

芝士酪

材料

{ 切达芝士 30 克 }

做法

1 将切达芝士用擦丝器擦成细丝。

2 将芝士丝均匀地平铺在不粘锅中，大火将芝士加热至熔化。

3 转小火，待锅内开始冒泡后，等1~2分钟，待芝士变成网状时取下锅。

4 使锅快速冷却，用叉子或刀尖轻轻将芝士酪剥下，掰碎即可。

Tips

● 加热时要注意避免芝士焦了。

● 还可使用帕玛森芝士、罗马诺芝士等硬质芝士制作。

基本工具与使用

拥有顺手的工具，是好料理制作成功的一半。一些看起来很洋气的料理，其实制作工具并不复杂。

①擦丝器

擦丝器属于家中必备的器具，无论是用于中式经典菜炒土豆丝，还是西式菜肴中各种果皮擦屑、芝士刨丝，都很得心应手。

②搅拌器

对于一些日常的食材处理，如搅拌鸡蛋液等，方便实用。但是如果要搅拌时间长、强度大的食材，还是换成电动搅拌器比较省时、省力。

③油刷

其不仅有煎、烤食物时刷油的用途，在西餐的摆盘环节，也有奇特的用处，如用油刷蘸酱汁分割盘子的空间。

④滴管

这是家中并不常见的工具，但是在制作分子料理或西餐摆盘中却很重要。无论是滴取分子料理，还是吸取酱汁再画成自己需要的图案，有滴管都会方便许多。

⑤模具

模具也是西餐制作中比较常见的器具，无论是用来把食材压成圆片，还是将黏稠的食材定型，都有奇效。

⑥刨皮器

一个锋利又多功能的刨皮器，用途就不只是给食材去皮，还能将食材刨成想要的长条片或者长丝状。

⑦雕花刀

这种带有锋利刀尖的刀在中餐中是雕花神器；在西餐中，则可以更得心应手地将食材切得更薄。其体积比西餐刀小，控制起来更省力。唯一要注意的就是过于锋利，使用起来要万分小心。

瘦身沙拉
与减肥

沙拉最简单的做法就是把一些常见、可直接食用的蔬果拌一下，即做即吃。但是，想将其当做营养美食的人就要失望了。制作沙拉最主要的材料是生菜，它是一般沙拉里最容易出现、所占比例也相对较大的食材。这种沙拉，对瘦身也许有用，营养方面可能就不达标了。

常见蔬菜营养成分含量低

根据相关机构的检测，常见食材所含27种营养素的排名，榜单倒数5名中有4种是常见的沙拉用菜——黄瓜、萝卜、生菜和芹菜。这些蔬菜在沙拉中特别常见，而且含水量都很高，所以留给营养物质的空间就减少了。

对于减肥瘦身者来说，这些蔬菜是非常好的选择，但是对于满足成人每天摄入1800~1900大卡的这一健康需求，就不能达标了。如果想要在一份沙拉里兼顾营养和低热量，可在沙拉中加入甜菜根、鸡胸肉等食材。

用错沙拉酱越吃越胖

一般人食用沙拉除了养生观念的进步，就是有减肥瘦身的需求了。但是，有些沙拉会让你越吃越胖，元凶就是那些可

以给沙拉增色增味的沙拉酱，如蛋黄酱、千岛酱等。

蛋黄酱是用蛋黄和食用油制作的，其中油的比例很大，一般100克蛋黄酱的热量会超过700大卡；千岛酱是用沙拉油、鸡蛋、腌黄瓜、糖、番茄酱、柠檬汁等精制而成的，100克千岛酱的热量也在500大卡上下，和同等重量的回锅肉的热量相当。

所以有减肥计划的人可以吃沙拉，但一定要小心沙拉酱的"陷阱"，不然等待你的就是越吃越胖。

非有机食材的"物种退化"

科学在进步，种植蔬菜的产量翻倍，于是我们可以用更少的金钱、更少的时间得到一些看起来和以前一样的食材，但是这样物美价廉的食材，真的和以前相同吗？

我们回想一下10年前吃到的食材，对比现在买到的食材，总会得出味道越来越淡的结论，那么营养呢？

人们发现，现在常吃的食材有些"退化"了，所以不惜花费更多的金钱去买更有营养、无污染的食材，这也是近些年有机食材越来越流行的原因。制作沙拉时，考虑到营养和卫生两方面，还是选择有机食材比较好。

速食沙拉的卫生隐患

对于工作很忙的上班族来说，超市卖的速食沙拉是个很好的选择，既不用自己动手制作，又可以补充维生素等营养。但是，如何能确定超市制作沙拉时使用的器具卫生，包装时使用的盒子安全呢？根据美国疾病控制与预防中心的数据，从1998年到2008年，22%与食物相关的疾病都是由绿色蔬菜的不安全带来的。

装饰食材浪费严重

在美国，生菜是蔬菜类食品中浪费最严重的一种，每年有超过10亿磅吃剩的沙拉被人丢弃。而在中国，人们对于沙拉垫底，或主食周边点缀的小蔬菜往往都处于忽视状态。人们食用的每一份蔬菜，都相当于把农场的水运输到了餐桌上，而这些含水量多的蔬菜品种和番茄、豆角等更富含营养的品种相比，无疑是"事倍功半"的。同一块土地，所种植的蔬菜能提供的营养更少，从整体来说就是对农业资源的浪费。

慎选搅拌用具及盛器

由于大部分的沙拉酱都含有醋的成分，所以拌沙拉时千万不能使用铝材质的器具，因为醋汁的酸性会腐蚀铝质器皿，释放出的化学物质会破坏沙拉的原味，对

人体也有害。搅拌的叉匙最好是木质的，容器则应选择玻璃、陶瓷材质的。

不同时间段进食沙拉须知

实际上，吃沙拉没有特别的时间禁忌，但需要了解每个时间段进食的规律。这样，就能更好地搭配沙拉食材，做到健康减肥。

因距离前一次进食的时间过长，早餐宜进食拌有坚果、水果、蔬菜的沙拉，补充身体所流失的能量。

人们常常用沙拉来代替午餐，这时需要丰富的营养搭配，鸡胸肉是最佳的减肥帮手，鲑鱼、鲔鱼都是不错的选择，不只低脂，且富含蛋白质。

晚餐吃沙拉需要足量，否则挨饿消耗你的肌肉，初期你感受的体重下降只是身体脱水造成的。久而久之，身体代谢能力会因肌肉减少而降低，令瘦身陷入停滞期。

沙拉食材搭配有讲究

五颜六色，各种蔬菜，沙拉之所以营养价值高，和它的丰富食材有着很大关联。

众所周知，蔬菜中的纤维质能软化粪便，起到整肠健胃、调整体质的作用，并且纤维质能促进咀嚼，形成饱腹感，减少热量摄入。蔬菜的这些作用对于减肥大有好处。

颜色丰富的蔬菜含有抗癌的植物性化学物质，所以尽可能让菜盘缤纷一些。

种子或坚果类都是隐藏性的高油脂食物，但它们也含有有益心脏的维生素E和纤维，沙拉中点缀少许，还能够让人体更健康。

沙拉常见食材的选购与保存

　　制作一份美味的沙拉，选材很关键。食材的新鲜度直接关系口感，而食材颜色搭配的美感度则直接影响沙拉的"卖相"。

蔬菜类

　　◆**看颜色**：蔬菜品种繁多，营养价值各有千秋。总体上可以按照颜色分为两大类：一类为深绿色蔬菜，如菠菜等，这类蔬菜富含胡萝卜素、维生素C、维生素B_2和多种矿物质；一类为浅色蔬菜，如大白菜、生菜等，这些蔬菜富含维生素C，但胡萝卜素和矿物质的含量较低。有的蔬菜颜色不正常，要注意，如菜叶失去平常的绿色而呈墨绿色，毛豆碧绿异常等，它们在采收前可能喷洒或浸泡过甲胺磷农药，不宜选购。

　　◆**看形状**："异常"蔬菜可能用激素处理过，如韭菜，当它的叶子特别宽大肥厚，比一般宽叶韭菜宽1倍时，就可能在栽培过程中用过激素。未用过激素的韭菜叶较窄，吃时香味浓郁。

　　◆**看鲜度**：许多消费者认为，蔬菜叶子虫洞较多，表明没打过药，吃这种菜安全。其实，这是不正确的。蔬菜是否容易遭受虫害是由蔬菜的不同成分和气味决定的。有的蔬菜特别为害虫所青睐，如上海青、大白菜、圆白菜、菜花等，不得不经常喷药防治，势必成

为污染重的多药蔬菜。各种蔬菜施用化肥的量也不一样。氮肥的施用量过大，会造成蔬菜的硝酸盐污染比较严重。通过对市场上蔬菜的抽检发现，硝酸盐含量由强到弱的排列是：根菜类、薯芋类、绿叶菜类、白菜类、葱蒜类、豆类、瓜类、茄果类、食用菌类。其规律是蔬菜的根、茎、叶的污染程度远远高于花、果、种子。这个规律可以指导我们正确购买蔬菜，尽可能多吃些瓜、果、豆和食用菌，如黄瓜、番茄、毛豆、香菇等。

　　保存：叶菜可以每次只购买1～2日量，置于阴凉处保存。买回家若不立即烹煮，可用报纸包起，放入塑料袋中，冷藏保存。注意，一定要定期清理冰箱，并且冷藏不超过3日。瓜果类可在室内于阴凉处保存4～7天。根茎类不能用塑料袋包裹，应放置在阴凉干燥处，以防发芽。

水果类

　　◆**闻香气：**成熟的水果会散发出特有的香味，可用鼻子闻水果的蒂部，香气愈浓表示水果愈甜，如香瓜、菠萝等。

　　◆**试重量：**同样大小的水果分别置于两只手掌上比较重量或用手掌轻拍水果听声音，较重或声音清脆者通常水分较多，如苹果、香瓜等。

　　◆**摸软硬：**半成熟果实硬而脆，之后会变软。木瓜、香蕉等要在肉质变软时食用，但像苹果等则适合在半成熟时食用。

　　◆**辨果色：**未成熟水果大多含较多叶绿素而偏绿色，随成熟过程会逐渐分解，转为橙

色的类胡萝卜素，如香蕉、橘子等，或转成红、紫色的花青素，如苹果、葡萄等，这些水果的颜色愈深表示甜度愈高。

◆**保存：**水果易烂，应先不清洗，以塑料袋或纸袋装好，防止果实的水分流失，入冰箱冷藏。同时，可在塑料袋上扎几个小孔，保持透气，避免水汽积聚，造成水果腐坏。柑橘类水果可放置于室内阴凉通风处。

畜肉

◆**看颜色：**新鲜的畜肉看肉的颜色，即可看出其柔软度。同样的肉，其肉色较红者，表示肉较老，不宜购买；而颜色呈淡红色者，肉质较柔软，品质也较优良。正常冻肉外观肌肉呈均匀红色，无冰或仅有少量血冰，切开后，肌间冰晶细小；将肉解冻后，肌肉有光泽，红色或稍暗，脂肪呈白色。

◆**闻气味：**优质的畜肉带有正常的腥味，而已经变质的肉一般都会有异味，这种肉最好不要购买。

◆**摸软硬：**畜肉的外面往往有一层稍显干燥的膜。好的肉，肉质紧密，指压凹陷处恢复较快；外表湿润，切面有少量渗出液，不黏手。

◆**保存：**将肉切成肉片，在锅内加油煸炒至肉片转色，盛出，放凉后放进冰箱冷藏，可贮藏2～3天。将肉切成片，然后将肉片平摊在金属盆中，置冷冻室冻硬，再用保鲜膜将肉片逐层包裹起来，置冰箱冷冻室贮存，1个月不变质。

禽肉

◆**看眼球：**新鲜的禽肉眼球饱满，角膜有光泽；次鲜的禽肉眼球皱缩凹陷，晶体稍混浊；变质的眼球干缩凹陷，晶体混浊。

◆**观色泽**：新鲜禽肉皮肤有光泽，肌肉切面有光亮；次鲜的皮肤色泽较暗，肌肉切面稍有光泽；变质的体表无光泽。

◆**摸黏度**：新鲜的外表微干或微湿润，不黏手；次鲜外表干燥或黏手，新切面湿润；变质的外表干燥或黏手，新切面发黏。

◆**注水禽肉的特征**：用手拍会听到"啵啵"的声音；身上有肿块似的包，高低不平；周围有针眼的，也说明是注水的禽肉。

◆**保存**：三九寒冬时，也可先将鸡肉分割成若干食用方便大小的块，用保鲜袋包好，外面再用深颜色的口袋装上，放在背阴的窗外，自然冷冻保存。家庭购买鲜活鸡可让服务人员宰杀，如果需要长时间保存，可把光鸡擦去表面水分，用保鲜膜包裹后放入冰箱冷冻室内冷冻保鲜，一般可保鲜半年之久。

海鲜

◆**鱼**：眼球应当凸起、透明，黑白分明；鱼鳃鲜红整洁；鱼体颜色有光泽，没有变色；鳞应完整无缺，紧贴鱼身；肉身有弹性；除鱼腥味外，不应有其他气味。鱼的内脏容易腐坏，所以必须先宰杀处理，刮除鱼鳞，去除鱼鳃、内脏，清洗干净，抹干表面水分，装入保鲜袋，入冰箱冷藏保存，必须2天之内食用。如入冰箱冷冻保存，可保持2周内不变质。

◆**虾**：头与虾身要紧密连接，色泽透明，外壳光滑；虾肉应坚实富有弹性；如外观看不出异状，但虾身已全变黑或头和身断裂，表示已不新鲜，不可购买。在买冻虾仁时就更要认真挑选了。新鲜和质量上乘的冻虾仁应是无色透明的，手感饱满并富有弹性，而那些看上去个大、色红的则应谨慎购买。虾放入到黑色塑料袋中，放入冰块封严并装入纸箱内，8小时以内不会变质；放入冰箱，在虾头变红前都可食用。

◆**贝**：单靠肉眼很难分辨新鲜与否，可将贝类互相碰撞，声音听来像金属般清脆的话，即表示是鲜活的；若是声响空洞，则为死贝。选购贝类时，以海鲜活品为佳。活贝类，体内的肉会吐出来，用手指一碰，贝肉就会缩回去。贝类置于盐水中吐沙后，再置于冰箱保鲜室中，注意经常更换盐水且不要冰过头，这样能保存3天左右。

◆**鱿鱼**：优质鱿鱼体形完整有弹性，呈粉红色，有光泽，体表面略现白霜，肉肥厚，半透明，背部不红。劣质鱿鱼体形瘦小残缺，颜色赤黄略带黑，无光泽，表面白霜过厚，背部呈黑红色或玫红色。鲜鱿鱼去除内脏和杂质，洗净，将水分擦干，用保鲜膜包好，放入冰箱冷冻室保存，可以保存1周。

沙拉酱的常见配料

沙拉除了在食材上变化，还可以通过酱汁让味道更丰富，试试自己动手调制各种沙拉酱吧！

黄芥末酱

黄芥末酱也称为法式芥末酱，常用于搭配西方快餐食用，由芥末籽和多种调料混合研磨而成，酱汁细腻、香气浓郁，口感非常温和，微甜，辣味不明显。

芥末籽酱

芥末籽酱，含有颗粒状芥末籽，咬破后芥末的辛辣味冲出，比起调过味的法式芥末酱，芥末籽酱保留了更多芥末的原味，口感较刺激。

青芥末酱

青芥末和黄芥末不同，其原名叫山葵，青芥末酱是山葵根部研磨而成，色泽翠绿，具有强烈的刺激性气味，口感辛辣。

芝麻酱

芝麻酱是将芝麻炒熟、研磨制成的酱，带有浓郁的芝麻香气，营养丰富，但是热量较高，适合用其他食材稀释后制成酱汁。

金枪鱼

一种油渍鱼肉罐头，肉质酥软、稍有咸味，单独食用腥味较重，拌入沙拉酱中可使沙拉有鲜香味。

豆腐

豆腐质地软嫩，无特殊气味又可轻易压成泥，热量也不高，是很好的沙拉酱配料。

洋葱末

洋葱营养丰富，也是很好的调味食品。其特有的辛辣香气让人胃口大开，在国外它被誉为"菜中皇后"。

蒜末

大蒜是很常见的调味品，甚至在西餐中烤蒜可以当作一道菜来食用。其香味浓郁，辛辣开胃，与洋葱的香气不同，却同样美味。

瘦身低脂肪沙拉

现代人紧张的生活节奏、工作状态，失控的饮食，都在敲醒人们注重健康的警钟，而肥胖是健康的头号杀手。针对减肥人群，本章节列出了十六款低脂肪沙拉，鉴于其中蔬菜含有的纤维质，这些沙拉对于促进人体新陈代谢、增加饱腹感、减少热量摄入都有很好的作用。丰富多样的蔬菜是瘦身沙拉的首选。

79 Kcal

Organic vegetable salad
有机蔬菜沙拉

柠檬肉桂汁

酱汁材料 柠檬汁20毫升，橄榄油5毫升，白糖3克，肉桂粉2克，盐、胡椒粉各1克。

酱汁做法 将柠檬汁倒入小碗中，放入白糖、肉桂粉、盐、胡椒粉拌匀，再淋入橄榄油拌匀即可。

材料

胡萝卜、樱桃萝卜、黄瓜、苦菊、紫叶生菜、芦笋、四季豆各50克。

做法

1 将胡萝卜、樱桃萝卜、黄瓜、苦菊、紫叶生菜、芦笋、四季豆清洗干净，沥干水分。

2 将胡萝卜去皮，部分切成圆片，部分竖着切成薄片；樱桃萝卜切成薄片；黄瓜竖着切成薄片，部分卷起；四季豆斜刀切薄片；芦笋竖着切成薄片；苦菊、紫叶生菜撕成小块。

3 锅中注水烧开，放入四季豆，焯至断生，捞出，浸入冷水中放凉、定色。

4 将所有食材摆入盘中，食用时淋入柠檬肉桂汁即可。

Tips

使用锋利的雕花刀，能更轻易地把食材切成所需的薄片。

Fruit and vegetables mixed salad

蔬果综合沙拉

93 Kcal

材料

西生菜120克，紫甘蓝70克，黄彩椒40克，圣女果30克，胡萝卜、红彩椒、苦菊、黄瓜各50克。

油醋沙拉汁

酱汁材料 盐2克，黑胡椒碎3克，橄榄油适量，白洋醋适量，沙拉酱适量。

酱汁做法 将盐、黑胡椒碎、橄榄油、白洋醋、沙拉酱拌匀即可。

做法

1 黄瓜去籽，斜刀切条；红彩椒、黄彩椒去籽，斜刀切块；圣女果切片。

2 洗净去皮的胡萝卜切条；紫甘蓝、圆生菜撕成块；苦菊去根，撕成段。

3 取一个碗，倒入胡萝卜、红彩椒、黄瓜、紫甘蓝、黄彩椒、西生菜、苦菊、圣女果，倒入油醋沙拉汁，拌匀。

4 取盘子，摆放上生菜叶，倒入拌好的蔬菜即可。

Tips

可以将叶菜切得更小块一些，以便食用。

French dressing with mixed salad

法式沙拉酱配综合沙拉

57 Kcal

材料

番茄120克，黄瓜130克，生菜100克。

法式沙拉酱

酱汁材料 蜂蜜5克，柠檬汁20毫升，白醋5毫升，椰子油5毫升。

酱汁做法 取小碗，倒入椰子油、蜂蜜，加入柠檬汁、白醋，搅拌均匀即可。

做法

1 黄瓜削花皮，对半切开，切片。

2 洗好的番茄切成丁。

3 洗净的生菜切片。

4 取大碗，放入切好的生菜、番茄、黄瓜拌匀，装入盘中。

5 将法式沙拉酱淋在蔬菜上即可。

Tips

番茄可适当切大块一些，减少营养物质流失。

68 Kcal

Cucumber and tomato salad
黄瓜番茄沙拉

迷迭香蒜末番茄酱

酱汁材料 迷迭香油（做法见P003）、番茄酱、蒜末、罗勒叶碎、盐各适量。

酱汁做法 将所有材料倒入碗中混合均匀即可。

材料

小黄瓜100克，四色圣女果80克，白洋葱50克，蓝纹芝士适量。

做法

1 把小黄瓜、四色圣女果、白洋葱清洗干净，沥干水分。

2 将小黄瓜切成薄片，四色圣女果切瓣。

3 白洋葱切成丝，蓝纹芝士打碎。

4 把小黄瓜、四色圣女果、白洋葱摆入盘中。

5 淋上迷迭香蒜末番茄酱，再撒上蓝纹芝士即可。

Tips

使用刨皮器就能得心应手地把小
黄瓜刮成薄长片。

Summer vegetables salad
夏日鲜蔬沙拉

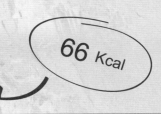

66 Kcal

材料

黄瓜50克，西葫芦30克，茄子40克，四色圣女果各1颗，葡萄干适量，橄榄油少许。

🥄 梅干洋葱酸奶酱

酱汁材料 梅干1个，洋葱末5克，固体酸奶15克，香草粉2克。

酱汁做法 梅干切碎，加入洋葱末、固体酸奶、香草粉搅拌均匀即可。

做法

1 把黄瓜、西葫芦、茄子、四色圣女果清洗干净，沥干水分。

2 圣女果切片，西葫芦、茄子切厚圆片，黄瓜纵向切薄片。

3 锅中注入橄榄油烧热，放入西葫芦、茄子煎片刻后取出。

4 将所有食材摆入盘中，淋入拌好的梅干洋葱酸奶酱即可。

Tips

用剩的黄瓜、西葫芦、茄子、四色圣女果加酸奶可打蔬菜汁。

Lettuce salad
生菜沙拉

87 Kcal

材料

生菜60克，韭菜30克，蓝纹奶酪20克。

● 蓝纹奶酪酱

酱汁材料 蓝纹奶酪20克，固体酸奶20克，青柠檬汁10毫升，盐、黑胡椒粉各适量。

酱汁做法 蓝纹奶酪加入酸奶、青柠檬汁搅打至融合，加入盐、黑胡椒粉拌匀即可。

做法

1 把生菜、韭菜清洗干净，沥干水分。

2 将生菜切成需要的大小；韭菜切成段；蓝纹奶酪打碎。

3 将生菜放入盘中，撒上韭菜段，再撒上蓝纹奶酪碎。

4 食用时淋上蓝纹奶酪酱即可。

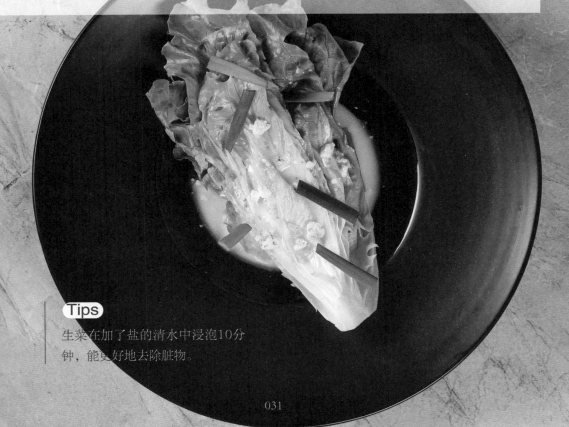

Tips

生菜在加了盐的清水中浸泡10分钟，能更好地去除脏物。

42 Kcal

Lemon and vegetables salad
柠檬彩蔬沙拉

蜂蜜酸奶酱

酱汁材料 酸奶50克，蜂蜜适量。

酱汁做法 将酸奶与蜂蜜混合均匀即可。

材料

生菜60克，柠檬20克，黄瓜50克，胡萝卜50克。

做法

1 择洗好的生菜用手撕成小段。

2 洗净去皮的胡萝卜、黄瓜切成条，改切成丁。

3 柠檬切成薄片。

4 锅中倒入适量清水大火烧开，倒入胡萝卜略煮片刻至断生，捞出，沥干水分。

5 将黄瓜丁、胡萝卜丁倒入装有生菜的碗中，搅拌匀。

6 取一个盘子，摆上柠檬片，倒入拌好的食材，浇上蜂蜜酸奶酱即可。

Tips

胡萝卜生吃口感更甘甜。

106 Kcal

Cauliflowers salad
缤纷花菜沙拉

洋葱红酒醋酱

酱汁材料 红酒醋20毫升，罗勒油（做法见P004）10毫升，紫洋葱末适量。

酱汁做法 把红酒醋、罗勒油、紫洋葱末放入碗中，搅拌均匀即可。

材料

白色花菜、紫色花菜、宝塔花菜各50克，生菜30克，奶油奶酪、葵花籽肉、橄榄油、盐各少许。

做法

1 把白色花菜、紫色花菜、宝塔花菜、生菜洗净，放入碗中备用。

2 三色花菜切厚片；生菜切条。

3 锅烧热，把葵花籽肉放入锅中，干炒至呈金黄色，盛出。

4 三色花菜放在烤架上，刷上橄榄油，撒上少许盐，放入预热好的烤箱，以220℃烤5分钟，取出。

5 盘中垫上生菜，摆入三色花菜，撒上葵花籽肉、奶油奶酪，淋入洋葱红酒醋酱即可。

Tips

把花菜泡在淡盐水中10分钟，再用流水冲洗2~3遍更干净。

Cole salad
油菜沙拉

蒜末蚝油酱

酱汁材料 蚝油5克，蒜末10克，酱油10毫升，橄榄油10毫升。

酱汁做法 将蚝油、酱油倒入碗中，加入蒜末拌匀，淋入橄榄油即可。

材料

油菜100克，蒜瓣10克，紫洋葱20克，红椒20克，盐、橄榄油各少许。

做法

1 把油菜、紫洋葱、红椒清洗干净，沥干水分。

2 油菜对半切开；蒜瓣切片；紫洋葱切末；红椒切末。

3 锅中注水烧开，放入油菜，淋入少许橄榄油，撒上少许盐，焯至断生，捞出。

4 锅烧热，放入红椒末、紫洋葱末煸干，盛出；再放入蒜片，爆香，盛出。

5 将油菜、蒜片摆入盘中，撒上红椒末、紫洋葱末，食用时淋上蒜末蚝油酱即可。

Tips

红椒与洋葱分开炒，可使其颜色更鲜艳。

68 Kcal

Roasted vegetables with cheese salad
烤蔬菜芝士沙拉

石榴黄芥末酱

酱汁材料 黄芥末酱20克，石榴汁8毫升，橄榄油少许。

酱汁做法 把黄芥末酱、石榴汁倒入碗中拌匀，滴入少许橄榄油即可。

材料

节瓜50克，白萝卜50克，番茄50克，甜豆、石榴籽、芝麻菜、菲达芝士、枸杞芽各少许，橄榄油、芝士酪（做法见P009）各适量。

做法

1 把节瓜、白萝卜、番茄、甜豆、芝麻菜、枸杞芽洗净，放入碗中备用。

2 节瓜、白萝卜、番茄切片，菲达芝士打碎。

3 锅中注油烧热，放入节瓜片、白萝卜片、番茄片，煎至有痕迹，取出。

4 锅中注入适量清水烧开，放入甜豆，煮至熟透，捞出。

5 白萝卜片、节瓜片、番茄片中夹入芝士碎，依次叠放起来，摆放上芝麻菜，点缀上芝士酪，用甜豆、石榴籽、枸杞芽装饰，食用时淋入石榴黄芥末酱即可。

Tips

用有压纹的煎锅能把节瓜片、白萝卜片、番茄片煎出条纹痕迹。

153 Kcal

Tomato cup salad

番茄杯沙拉

芝麻芒果酱

酱汁材料 芒果酱、固体酸奶各15克，熟白芝麻5克，柠檬汁5毫升。

酱汁做法 将芒果酱、固体酸奶、柠檬汁混合均匀，再放入熟白芝麻拌匀即可。

材料

番茄1个，苹果、南瓜、红薯、青椒各50克，苦菊适量，芝士酪（做法见P009）适量，盐少许。

做法

1 把番茄、苹果、南瓜、红薯、青椒、苦菊清洗干净，沥干水分。

2 将番茄切去顶部，挖空瓤部，制成番茄杯。

3 苹果切成丁，泡入淡盐水中，备用；青椒切成丁。

4 锅中放蒸架，注水烧开，放入红薯、南瓜，蒸至熟透，取出，切丁。

5 把切成丁的食材混合，拌入芝麻芒果酱，盛入番茄杯中。

6 点缀上芝士酪、苦菊即可。

Tips

硬质芝士制作的芝士酪较白，马苏里拉芝士易焗。

42 Kcal

Radishes salad

三色萝卜沙拉

橙汁柠檬油

酱汁材料 橙汁20毫升，苹果醋5毫升，柠檬油（做法见P005）5毫升。

酱汁做法 将橙汁倒入小碗中，淋入苹果醋拌匀，加入柠檬油即可。

材料

胡萝卜、白萝卜、心里美萝卜各50克，苦菊适量。

做法

1 把胡萝卜、白萝卜、心里美萝卜、苦菊清洗干净，沥干水分。

2 将心里美萝卜、胡萝卜、白萝卜去皮，切成片；苦菊撕成小块。

3 用模具将所有萝卜压成适当大小。

4 将三种萝卜摆入盘中，撒上苦菊，点缀橙汁柠檬油即可。

Tips

制作立体造型的模具也可以用来压萝卜。

24 Kcal

Baked radish salad

烤萝卜沙拉

香芹酸奶酱

酱汁材料 水芹菜叶10克，洋葱末10克，固体酸奶15克，柠檬汁、盐各少许。

酱汁做法 水芹菜叶切碎，放入碗中，加入固体酸奶、洋葱末、盐拌匀，淋入柠檬汁即可。

材料

胡萝卜20克，樱桃萝卜70克，水芹菜少许，橄榄油、盐各适量。

做法

1 把胡萝卜、樱桃萝卜、水芹菜清洗干净，沥干水分。

2 将胡萝卜去皮，切成片；樱桃萝卜对半切开；水芹菜取叶子。

3 把胡萝卜、樱桃萝卜放入碗中，淋入少许橄榄油，放入盐拌匀调味。

4 将胡萝卜、樱桃萝卜放入烤箱中，以180℃烤15分钟，取出。

5 将所有食材摆放入盘中，淋上香芹酸奶酱即可。

Tips

可用木棍划过沙拉酱中心，做出"心"形造型。

greatest
on our health.
be sure of what to
to drink and what not.
outdoor pinic in a
way to keep

63 Kcal

Radishs with garlic pieces salad

萝卜蒜瓣沙拉

青柠檬香草油

酱汁材料 青柠檬汁15毫升，蜂蜜10克，迷迭香油（做法见P003）10毫升，盐、黑胡椒碎各适量。

酱汁做法 将青柠檬汁、盐、蜂蜜混合均匀，淋入迷迭香油，撒上黑胡椒碎即可。

材料

樱桃萝卜3颗，胡萝卜1条，蒜瓣15克，香菜、盐各少许。

做法

1 把樱桃萝卜、胡萝卜、香菜清洗干净，沥干水分。

2 胡萝卜部分切厚片，部分切薄片；樱桃萝卜部分切厚片，部分切薄片，留取樱桃萝卜叶；蒜瓣对半切开。

3 锅中注水烧开，放入厚胡萝卜片、厚樱桃萝卜片、大蒜，撒入少许盐，小火煮10分钟，捞出。

4 将所有食材摆在盘中，淋上青柠檬香草油即可。

Tips

樱桃萝卜叶应泡水中备用，以免萎蔫。

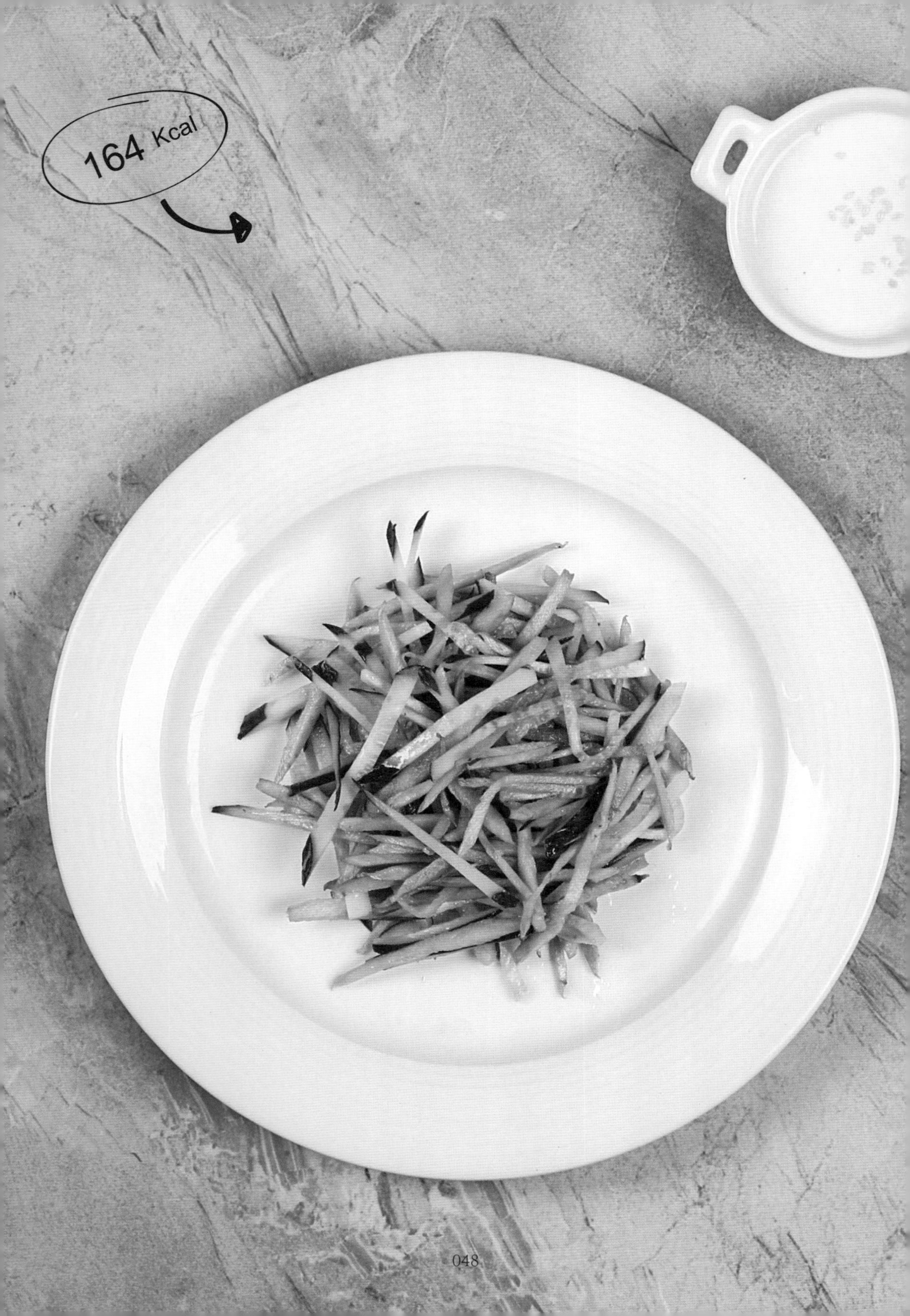
164 Kcal

Burdock and white sesame salad
牛蒡白芝麻沙拉

椰子油芝麻汁

酱汁材料 椰子油沙拉酱40克，熟白芝麻适量。
酱汁做法 将椰子油沙拉酱与熟白芝麻搅拌均匀即可。

材料

去皮牛蒡100克，黄瓜100克，椰子油5毫升，蜂蜜10克，酱油10毫升，食用油适量。

做法

1 黄瓜切成丝；牛蒡切成丝。

2 沸水锅中，倒入蜂蜜，拌匀，倒入牛蒡丝，焯约1分钟，捞出。

3 锅倒入椰子油烧热，倒入牛蒡丝炒匀，倒入酱油，炒入味，盛盘。

4 将牛蒡丝、黄瓜丝倒入碗中拌匀，倒入椰子油芝麻汁，拌匀，待用。

5 热锅倒入食用油，烧至七成热，倒入牛蒡丝、黄瓜丝，油炸片刻，盛入盘中即可。

Tips

牛蒡质地比较坚硬，切得越细越好烹饪。

Japanese style celery salad

日式芹菜沙拉

34 Kcal

材料

水芹菜80克，红椒30克，紫洋葱30克，姜10克。

● **麻油味噌酱**

酱汁材料 熟白芝麻10克，味噌10克，芝麻油5毫升，味淋10毫升。

酱汁做法 将味噌、味淋、芝麻油倒入碗中，搅拌至味噌溶化，撒入熟白芝麻拌匀即可。

做法

1 把水芹菜、红椒、紫洋葱清洗干净，沥干水分。

2 水芹菜切段，梗和叶分开。

3 红椒、紫洋葱切成丝。

4 姜去皮，切丝。

5 将所有食材摆入盘中。

6 淋入麻油味噌酱即可。

Tips

可用油刷把麻油味噌酱刷在碟子上作装饰。

Asparagus and beet salad
芦笋甜菜根沙拉

112 Kcal

材料

芦笋50克，甜菜根80克，蓝纹芝士适量。

🔵 法式芥末籽酱

酱汁材料 黄芥末酱25克，苹果醋8毫升，芥末籽酱适量，胡椒粉少许。

酱汁做法 把黄芥末酱、苹果醋、芥末籽酱、胡椒粉倒入碗中搅拌均匀即可。

做法

1 把芦笋、甜菜根清洗干净，沥干水分。

2 将芦笋切长薄片；甜菜根去皮，切片；蓝纹芝士打碎。

3 将甜菜根片放入烤箱中，烤至熟透，取出，用模具按压成小圆片状。

4 芦笋放入热水锅中，烫1分钟，捞出。

5 将所有食材摆入盘中，食用时淋上法式芥末籽酱即可。

Tips

甜菜根有助于消化，预防高血压，可以依据情况加量。

146 Kcal

Mild-life

Roasted pumpkin and beet salad
烤南瓜甜菜根沙拉

柠檬油汁

酱汁材料 柠檬1个，柠檬油（做法见P005）适量。

酱汁做法 切一片柠檬，剩余挤出汁，倒入碗中，淋入柠檬油即可。

材料

南瓜60克，甜菜根50克，开心果15克，枸杞芽10克，巴萨米可醋适量。

做法

1 把南瓜、甜菜根、枸杞芽洗净，沥干水分。

2 将南瓜、甜菜根去皮，切成瓣；开心果去壳，捣碎。

3 把南瓜、甜菜根放入烤箱中，以180℃烤15分钟，取出。

4 将南瓜、甜菜根、枸杞芽摆入盘中，撒上开心果碎，淋入巴萨米可醋，食用时淋上柠檬油汁即可。

Tips

甜菜根糖分较多，烤后会有糖浆溢出，可放心食用。

158 Kcal

Bitter gourd and tofu salad

苦瓜豆腐沙拉

芝麻海苔椰子油酱

酱汁材料 生抽3毫升，醋3毫升，椰子油3毫升，盐3克，海苔适量，熟白芝麻适量，姜末适量，蒜末适量，白糖适量，黑胡椒粉适量。

酱汁做法 海苔剪成条状，淋入适量椰子油，加入生抽、醋、盐、熟白芝麻、白糖、姜末、蒜末、黑胡椒粉，搅拌匀即可。

材料

苦瓜100克，嫩豆腐100克，白洋葱60克，榨菜80克，番茄60克。

做法

1 豆腐切丁；处理好的白洋葱切丝；苦瓜去籽，斜刀切成片。

2 榨菜切条，切成小块；番茄切丁。

3 锅中倒水大火烧开，放入苦瓜，焯煮至断生，捞出，沥干水分。

4 备一个大碗，放入苦瓜，倒入豆腐、番茄、榨菜、白洋葱，将食材充分拌匀。

5 将拌好的食材装入盘中，浇上芝麻海苔椰子油酱即可。

Tips

榨菜最好多用清水浸泡片刻，可减轻咸味。

150 Kcal

Lotus root tofu salad

莲藕豆腐沙拉

豆腐奶油芥末籽酱

酱汁材料 芥末籽酱10克，豆腐20克，淡奶油10克，白糖5克。

酱汁做法 豆腐压成泥，拌入芥末籽酱、淡奶油、白糖即可。

材料

豆腐80克，苦菊40克，红椒20克，莲藕120克。

做法

1 将豆腐用模具压成圆形。

2 把豆腐放入沸盐水中烫片刻，取出。

3 红椒洗净，切成丝；莲藕洗净去皮，切薄片；苦菊洗净，切段。

4 将莲藕放入预热好的烤箱中，以上、下火180℃，烤5分钟，取出。

5 将所有食材摆入盘中，淋上豆腐奶油芥末籽酱即可。

 Tips

莲藕也可以160℃烤得再久一些，
制成蔬菜薄脆。

25 Kcal

Mushroom salad and truffle pottage
菌菇沙拉佐松露浓汤

松露牛奶酱

酱汁材料 牛奶20毫升，紫洋葱末、蒜末、松露橄榄油少许。

酱汁做法 牛奶中加入紫洋葱末、蒜末拌匀，再滴入少许松露橄榄油，煮沸即可。

材料

花菜40克，海鲜菇30克，白玉菇30克，橄榄油少许。

做法

1 清洗花菜、海鲜菇、白玉菇。

2 花菜切成小朵，海鲜菇、白玉菇切除根部。

3 起油锅，放入切好的花菜、海鲜菇、白玉菇，中火炒约4分钟，盛出。

4 把花菜、海鲜菇、白玉菇摆放在盘中，再倒入松露牛奶酱即可。

海鲜菇、白玉菇可泡在淡盐水中5
分钟后再清洗干净。

268 Kcal

Couscous salad and corn pottage
古斯米沙拉佐玉米浓汤

玉米酱

酱汁材料 玉米粒、牛奶、盐、胡椒粉、红辣椒末各少许。

酱汁做法 玉米粒加入盐、牛奶、胡椒粉煮熟，打成浆，撒入红辣椒末即可。

材料

古斯米40克，玉米粒80克，红辣椒、紫洋葱各适量，大蒜、紫苏苗、牛奶、盐各少许。

做法

1 清洗紫洋葱、红辣椒、紫苏苗、玉米粒，备用。

2 紫洋葱、红辣椒、大蒜切末。

3 锅烧热，放入紫洋葱末、红辣椒末、蒜末，小火炒2分钟，盛入碗中备用。

4 锅中倒入清水烧开，倒入古斯米、红辣椒、玉米酱，煮至熟透，盛出，装入碗中，加入紫洋葱末、红辣椒末、蒜末拌匀。

5 锅中注水烧开，倒入玉米粒、牛奶，煮熟，加入盐拌匀，倒入搅拌机中，搅打成浆，即成玉米浓汤。

6 把古斯米倒入盘中，注入玉米浓汤，点缀上紫苏苗即可。

Tips

古斯米煮的时候分量跟玉米酱是相同的，以防止古斯米煮烟。

排毒水果沙拉

　　众所周知，吃水果能养颜美容，更能清理肠道，使身体内积累的毒素排出。水果排毒瘦身法即是由此而来。水果富含的膳食纤维、维生素能促进肠道蠕动、脂肪分解，加快新陈代谢，且美味又低热量，能够帮助身体排出废物，使得身体内部重新恢复活力。

152 Kcal

Beet and orange salad
甜菜根柳橙沙拉

甜菜根酱

酱汁材料 甜菜根40克，红酒醋适量，柠檬汁、白糖各少许。

酱汁做法 将甜菜根煮熟，打成汁，过滤后与红酒醋、柠檬汁、白糖混合均匀即可。

材料

甜菜根100克，柳橙70克，白萝卜、紫苏苗各适量，奶油奶酪少许。

做法

1 甜菜根、柳橙、白萝卜、紫苏苗洗净，备用。

2 甜菜根、白萝卜切薄片，再用模具切成圆片；柳橙去皮切片；奶油奶酪打碎。

3 将甜菜根片放入烤箱，以180℃烤10分钟，取出。

4 把甜菜根片、柳橙片、白萝卜片摆放在盘中，撒上奶油奶酪，点缀上紫苏苗，淋入甜菜根酱即可。

Tips

甜菜根不仅能健胃消食，还清热解毒，非常利于排毒。

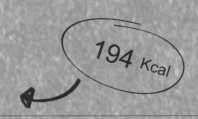

Tofu and fruit salad

豆腐水果沙拉

194 Kcal

材料

豆腐80克，草莓50克，蓝莓30克，橙子1个，柠檬1个。

 酸甜柚子酱

酱汁材料 韩式柚子酱10克，橄榄油适量，柠檬汁15毫升。

酱汁做法 在韩式柚子酱中倒入柠檬汁、橄榄油，搅拌均匀即可。

做法

1 将草莓去蒂，切成粒；柠檬切成片，装盘备用。

2 橙子切成瓣，去皮，再切成粒，装盘备用。

3 豆腐用模具压成圆柱形，去除多余部分，放入碗中，倒入热水，烫去豆腥味，捞出。

4 柠檬片摆入盘中，放入豆腐，撒上草莓粒、橙子粒、蓝莓。

5 淋上酸甜柚子酱即可。

Tips

用模具压豆腐时需注意取出的力道，以免把豆腐弄破。

Orange and cheese salad

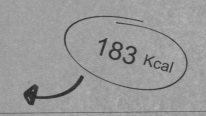

183 Kcal

橙子芝士沙拉

材料

紫叶生菜、生菜、苦菊各30克，橙子1个，青金橘2个，奶油芝士适量。

 橙子油醋汁

酱汁材料 盐3克，白酒醋10毫升，橙子酱10克，橙子油（做法见P005）适量，胡椒粉适量。

酱汁做法 橙子酱中倒入白酒醋、盐、胡椒粉、橙子油，搅拌均匀即可。

做法

1 生菜、紫叶生菜洗净，撕成适口大块；苦菊洗净去根，切成段；青金橘对半切开。

2 橙子去蒂，对半切开，切成瓣，去皮，取果肉，切成块。

3 奶油芝士切成条，再切成丁。

4 将紫叶生菜、生菜垫入盘中，放上橙子肉，中间放入苦菊段。

5 挤上青金橘汁，放上奶油芝士、青金橘点缀。

6 用勺子在盘中1/3处淋上橙子油醋汁即可。

Tips

苦菊段竖着插入盘中，可制造立体效果。

173 Kcal

Citrus salad
柑橘家族沙拉

橙汁蜂蜜酸奶酱

酱汁材料 橙汁15毫升，固体酸奶20克，蜂蜜5克。

酱汁做法 把橙汁、固体酸奶、蜂蜜倒入碗中，搅拌均匀即可。

材料

柚子50克，葡萄柚、橙子各30克，青柠檬、柠檬、橘子各20克，青金橘、大杏仁各10克，紫叶生菜、芝麻菜、蓝纹芝士各少许。

做法

1 清洗紫叶生菜、芝麻菜，放入碗中备用。

2 剥开柚子、葡萄柚、青柠檬、橙子、橘子、柠檬、青金橘的果皮，取出果肉；蓝纹芝士掰碎；大杏仁捣碎。

3 把紫叶生菜放入盘中作垫底，放入柚子果肉、葡萄柚果肉、青柠檬果肉、橙子果肉、橘子果肉、柠檬果肉、金橘果肉。

4 点缀上蓝纹芝士、芝麻菜叶、大杏仁碎，食用时淋入橙汁蜂蜜酸奶酱即可。

Tips

先用杏仁夹把大杏仁果肉取出，
再放入臼子捣碎即可。

291 Kcal

Grapefruit salad
缤纷蜜柚沙拉

酸奶芝麻酱

酱汁材料 酸奶20克，熟黑芝麻15克，白醋5毫升，橄榄油适量，蜂蜜适量。

酱汁做法 将酸奶、白醋、橄榄油、蜂蜜混合均匀，撒上熟黑芝麻即可。

材料

柚子肉80克，去皮苹果80克，枸杞3克，大枣15克，熟花生米15克，去皮猕猴桃40克，葡萄干10克，杏仁5克。

做法

1 苹果去内核，切块；洗好的猕猴桃切片；大枣去核。

2 碗中倒入柚子肉、苹果、大枣、葡萄干、熟花生米、杏仁、枸杞。

3 加入酸奶芝麻酱搅拌均匀。

4 将切好的猕猴桃片摆放在盘子中，倒入拌好的水果即可。

Tips

柚子去皮后再去掉果肉外的薄膜，用手轻轻掰碎即可。

芦笋橙皮沙拉

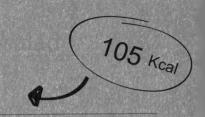

Asparagus with orange peel salad

105 Kcal

材料

橙子1个，芦笋100克，大杏仁、巴萨米可醋各适量。

🥄 橙皮油醋酱

酱汁材料 巴萨米可醋5毫升，橙汁20毫升，橙子油（做法见P005）适量。

酱汁做法 将橙汁与巴萨米可醋混合均匀，滴上橙子油即可。

做法

1 把橙子、芦笋清洗干净，沥干水分。

2 橙子取皮，部分切丝，用擦丝器将剩余橙子皮擦成屑；芦笋去老根；大杏仁捣碎。

3 锅中注水烧开，将芦笋焯至断生，捞出；再放入橙皮丝，淋入适量巴萨米可醋，煮5分钟，捞出。

4 在盘中刷上橙皮油醋酱，放入芦笋，撒上大杏仁碎、橙皮丝、橙皮屑即可。

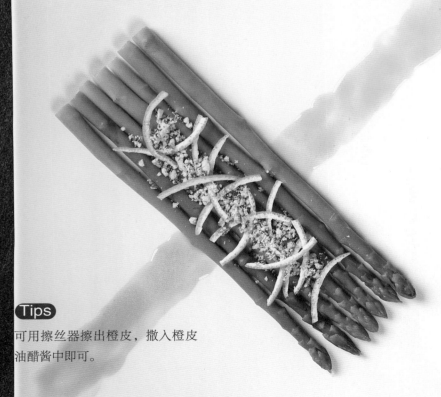

Tips

可用擦丝器擦出橙皮，撒入橙皮油醋酱中即可。

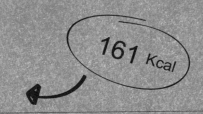

161 Kcal

杂莓沙拉

材料

蓝莓、黑莓各20克，树莓40克，草莓50克，蔓越莓干30克，薄荷叶、盐、淀粉各少许。

 红酒酸奶酱

酱汁材料 红酒10毫升，固体酸奶20克。

酱汁做法 把红酒、固体酸奶倒入沙拉碗中，搅拌均匀即可。

做法

1 将蓝莓、黑莓、树莓、草莓用清水冲洗片刻。

2 把蔓越莓干放入加了少量淀粉的清水中，用手搓洗几下，捞起，放入碗中备用。

3 把蔓越莓干在盘中摆出直线造型，摆放蓝莓、黑莓、树莓、草莓，点缀上薄荷叶，滴上红酒酸奶酱即可。

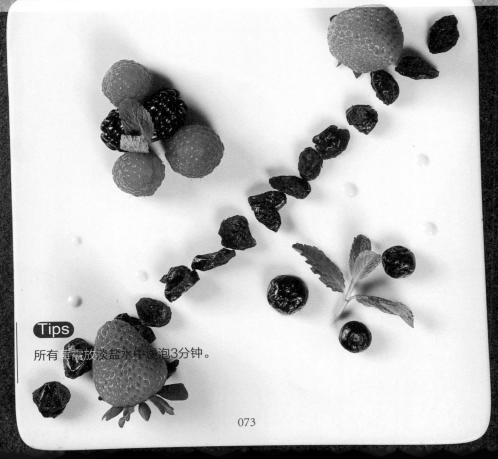

Tips

所有莓需放淡盐水中浸泡3分钟。

174 Kcal

Banana and strawberry salad

香蕉草莓沙拉

可可酸奶酱

酱汁材料 固体酸奶20克，可可粉5克。

酱汁做法 将固体酸奶和可可粉搅拌均匀即可。

材料

草莓50克，水果彩椒20克，香蕉1根，紫叶生菜、大杏仁片各少许。

做法

1 把草莓、水果彩椒、紫叶生菜洗净，沥干水分。

2 将草莓去蒂，对半切开；香蕉去皮，切片；紫叶生菜撕成小块；水果彩椒切丝。

3 将大杏仁片放入烤箱中，以180℃烤至微黄，取出。

4 将所有食材摆入盘中，食用时淋入可可酸奶酱即可。

Tips

把切好的香蕉片放入盐水中，可防止氧化。

127 Kcal

Strawberries with cheese salad

草莓芝士沙拉

草莓酸奶酱

酱汁材料 草莓酱10克，固体酸奶10克，柠檬汁少许。

酱汁做法 将草莓酱、固体酸奶、柠檬汁混合均匀即可。

材料

草莓5颗，马苏里拉芝士圆片30克，手指胡萝卜20克，薄荷叶适量。

做法

1 把草莓、手指胡萝卜、薄荷叶洗净，沥干水分。

2 取一颗草莓转圈切玫瑰花形，剩余草莓切瓣。

3 手指胡萝卜切片。

4 将所有食材摆入盘中，淋上草莓酸奶酱，点缀薄荷叶即可。

Tips

用刀转圈竖切，即可得玫瑰花形草莓。

47 Kcal

Low-sugar fruit and vegetable salad
低糖水果蔬菜沙拉

简易沙拉酱

酱汁材料 沙拉酱20克，低脂酸奶适量。
酱汁做法 将沙拉酱与低脂酸奶搅拌均匀即可。

材料

生菜20克，橙子20克，猕猴桃20克，黄瓜20克，西蓝花20克，紫甘蓝20克，苹果20克。

做法

1 生菜剥成小块；橙子去皮，切成小瓣；苹果去皮，切成小块；黄瓜切成片。

2 猕猴桃去头尾，削皮，切片状；紫甘蓝切成条状；西蓝花去根，切成小朵。

3 热锅倒水烧热，放入西蓝花，搅拌片刻，煮至断生，捞出；再放入紫甘蓝，焯水至断生，捞出。

4 在盘中放入紫甘蓝、西蓝花、黄瓜、苹果、橙子、猕猴桃、生菜，再倒入简易沙拉酱拌匀即可。

Tips

用手将各种蔬菜掰开可保留更多营养。

杏仁芒果沙拉

56 Kcal

材料

芒果80克，杏仁片30克，芝麻菜、生菜各适量。

🥣 柠檬酸奶芥末籽酱

酱汁材料 柠檬汁10毫升，蜂蜜8克，芥末籽酱10克，橄榄油适量，酸奶适量。

酱汁做法 取一碗，倒入酸奶、蜂蜜、柠檬汁、芥末籽酱、橄榄油，搅拌均匀即可。

做法

1 用刀在芒果肉上打十字花刀，取出果肉。

2 生菜洗净，撕成大片，放入盘中。

3 将杏仁片放入烤盘中，推入烤箱，烤至杏仁片变黄，取出。

4 将柠檬酸奶芥末籽酱淋入盘中，用勺子划一下，使之呈流线形。

5 在盘中放入生菜块和芝麻菜，放上芒果块，撒上烤杏仁片即可。

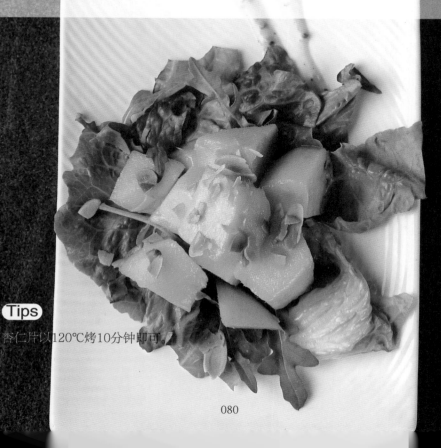

Tips

杏仁片以120℃烤10分钟即可。

水果萝卜豆腐沙拉

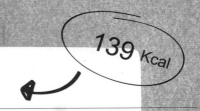

139 Kcal

材料

樱桃萝卜3个，水果胡萝卜40克，豆腐120克，大蒜2个，芝麻菜20克，橄榄油、酸梅酱各适量。

橙味油醋汁

酱汁材料 白醋5毫升，胡椒粉3克，盐3克，蒜末8克，白糖10克，橙汁20毫升，橄榄油适量。

酱汁做法 橙汁、蒜末、白醋、白糖、盐、胡椒粉、橄榄油拌匀即可。

做法

1 豆腐切成大块；大蒜切片；樱桃萝卜，擦成薄片，泡入清水中；水果胡萝卜洗净，擦成薄片。

2 锅中倒油烧热，放入蒜片，炸至呈金黄色，捞出；再放入豆腐块，不停翻转，煎至豆腐呈金黄色，捞出。

3 将芝麻菜垫入盘中，放上樱桃萝卜叶、豆腐、蒜片、樱桃萝卜、水果胡萝卜。

4 将酸梅酱沿对角线挤在盘中，淋上橙味油醋汁即可。

Tips

豆腐也可以不煎炸，直接食用。

253 Kcal

The waldorf salad
华尔道夫沙拉

绿色油醋汁

酱汁材料 苹果醋10毫升，罗勒油（做法见P004）10毫升，橙子油（做法见P005）适量。

酱汁做法 将罗勒油、橙子油倒入碗中，淋入苹果醋拌匀即可。

材料

苹果70克，西洋梨70克，西芹30克，娃娃菜20克，紫叶生菜30克，核桃20克，蓝纹芝士、盐、白糖各适量。

做法

1 把苹果、西洋梨、西芹、娃娃菜、紫叶生菜清洗干净，沥干水分。

2 苹果、西洋梨切薄片，泡入淡盐水中，备用。

3 西芹切片，娃娃菜、紫叶生菜摘取嫩叶，蓝纹芝士打碎。

4 锅中注入少许清水，倒入白糖，煮至呈焦糖色，放入核桃拌匀，盛出冷却。

5 将娃娃菜、紫叶生菜、西芹、苹果、西洋梨摆入盘中，点缀焦糖核桃、蓝纹芝士，食用时佐以绿色油醋汁即可。

Tips

把苹果片、西洋梨片放淡盐水备用，可防止氧化。

58 Kcal

Tomatoes with celery and apple salad
番茄芹菜苹果沙拉

芝士酸奶酱

酱汁材料 奶油奶酪10克，固体酸奶20克，柠檬汁10毫升。

酱汁做法 将奶油奶酪、固体酸奶、柠檬汁搅拌均匀即可。

材料

苹果50克，黑色番茄1颗，三色圣女果40克，西芹30克，树莓20克，盐少许。

做法

1 把苹果、黑色番茄、三色圣女果、西芹、树莓洗净，沥干水分。

2 苹果切丝，放入盐水中浸泡；黑色番茄切瓣。

3 三色圣女果部分切瓣，部分切片；西芹切丝。

4 将所有食材摆入盘中，食用时淋上芝士酸奶酱即可。

Tips

使用擦丝器把苹果、西芹擦成丝更省时间。

87 Kcal

Roasted beet with apple salad
烤甜菜根佐苹果沙拉

甜菜根酸奶酱

酱汁材料 甜菜根30克，固体酸奶20克，柠檬汁10毫升。
酱汁做法 甜菜根切块煮熟，榨汁，装碗，拌入固体酸奶、柠檬汁即可。

材料

甜菜根70克，苹果60克，紫苏芽适量，盐少许。

做法

1 把甜菜根、苹果、紫苏芽洗净，沥干水分。

2 将甜菜根去皮，切成片；苹果切片，用模具压成圆片状，放入盐水中浸泡，防止变色。

3 把甜菜根放入烤箱中，以180℃烤10分钟，取出，放凉，用模具压成圆片状。

4 将所有食材摆盘，滴入甜菜根酸奶酱即可。

 Tips

切好的苹果泡在淡盐水中可防止氧化。

109 Kcal

Pickled Hami melon salad
腌哈密瓜沙拉

酸奶蒜末沙拉酱

酱汁材料 花生酱10克，固体酸奶10克，蒜末5克，柠檬汁5毫升，芥花籽油5毫升，胡椒粉3克。

酱汁做法 将花生酱、固体酸奶、柠檬汁、胡椒粉倒入碗中，搅拌均匀，再放入蒜末拌匀，淋上芥花籽油即可。

材料

哈密瓜100克，猕猴桃50克，紫洋葱20克，樱桃萝卜10克，全麦面包1片，巴萨米可醋50毫升。

做法

1 把哈密瓜、猕猴桃、紫洋葱、樱桃萝卜清洗干净，沥干水分。

2 哈密瓜挖成球状，沿边角切成菱形丁；猕猴桃去皮，切成片；樱桃萝卜对半切开；紫洋葱切成丝。

3 全麦面包压成圆片，放入烤箱中，烤至酥脆，取出。

4 锅中倒入50毫升巴萨米可醋，放入哈密瓜丁，煮2分钟，放置冷却，捞出。

5 将所有食材摆入盘中，淋入酸奶蒜末沙拉酱即可。

Tips

选购哈密瓜时，要买表皮粗糙，纹路多且深的，这样的更甜。

143 Kcal

Yellow peach salad
黄桃沙拉

香料酱

酱汁材料 柠檬汁20毫升，蜂蜜20克，八角、肉桂、丁香各适量。

酱汁做法 将柠檬汁倒入锅中，加入适量清水，放入八角、肉桂、丁香煮10分钟，拌入蜂蜜即可。

材料

罐头黄桃100克，南瓜子15克，八角5克，肉桂10克，丁香2克，白糖适量。

做法

1 把八角、肉桂、丁香清洗干净，沥干水分。

2 将黄桃切成瓣。

3 烧热锅，倒入南瓜子，小火煸出香味，盛出。

4 锅中注水烧开，倒入八角、肉桂、丁香，煮5分钟，放入黄桃、白糖，煮5分钟，捞出食材。

5 将食材盛入盘中，撒上南瓜子，食用时淋上香料酱即可。

Tips

表皮颜色发白，有斑点的黄桃更加甜。

Molecular cuisine salad
分子料理沙拉

107 Kcal

材料

橙子80克，甜菜根80克，菠菜、枸杞芽各适量，乳酸钙、硅藻胶粉（做法见P007）各适量。

● 简易油醋汁

酱汁材料 巴萨米可醋、橄榄油各适量。

酱汁做法 将巴萨米可醋、橄榄油混合均匀即可。

做法

1 把橙子、甜菜根、菠菜、枸杞芽清洗干净。

2 橙子去皮，部分切成小丁块，部分榨汁；甜菜根去皮，切小片；菠菜切成段，焯至断生。

3 将甜菜根煮熟，部分压成小圆片，剩余榨汁。

4 菠菜加水，榨汁，过滤后备用。

5 分别在橙汁、甜菜根汁、菠菜汁中按比例加入硅藻胶粉，再滴入乳酸钙水中，制成分子料理珠。

6 将做好的分子料理珠放入勺中，点缀橙子丁、甜菜根片、枸杞芽，食用时淋上简易油醋汁即可。

Tips

分子料理珠不要在钙水中泡太久，否则会越来越硬。

Fruits dumpling salad

水果饺沙拉

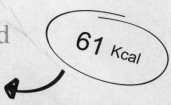

61 Kcal

材料

橙子50克，番茄50克，猕猴桃50克，鲜迷迭香适量，水晶饺皮（做法见P009）1张。

甜菜根泡沫

（酱汁材料）甜菜根50克，大豆卵磷脂适量。

（酱汁做法）将甜菜根煮熟，加入适量清水榨汁，过滤后，加入大豆卵磷脂搅打成沫即可。

做法

1 把橙子、番茄、猕猴桃、鲜迷迭香清洗干净，沥干水分。

2 橙子、猕猴桃去皮，切成丁；番茄切成丁。

3 将水晶饺皮铺在盘中，放入切好的水果丁，折起，盖好。

4 取鲜迷迭香叶子点缀在盘中。

5 将甜菜根泡沫倒入盘中即可。

Tips
折起水晶饺时力度要小，否则易折碎。

健身蛋白质沙拉

减肥易进入一个误区，那就是：减肥不应该吃肉类食物。实际上，在减肥期间，适当调配饮食，同时适量摄入富含蛋白质的肉类，甚至比只食用面包、蔬菜和水果的减肥效果更显著。蛋白质水解后的物质有利于调整人体组织液的浓度平衡，还有利于水分的代谢，并且能长时间维持饱腹感，有利于控制饮食，抑制促进脂肪产生的荷尔蒙分泌，和赘肉说byebye！

271 Kcal

Purple cabbage and sausage salad
紫甘蓝香肠沙拉

芥末籽蜂蜜酱

酱汁材料 芥末籽酱10克，橄榄油15毫升，盐1克，蜂蜜10克。

酱汁做法 将芥末籽酱、橄榄油、盐、蜂蜜拌匀即可。

材料

紫甘蓝70克，白洋葱30克，热狗肠2根，橄榄油少许。

做法

1 紫甘蓝、白洋葱洗净，切成细丝；热狗肠斜刀打上花刀。

2 锅中倒入少许橄榄油烧热，放入热狗肠，煎至熟透，盛出。

3 锅中再倒入白洋葱爆香，放入紫甘蓝炒匀，盛出。

4 将所有食材摆入盘中。

5 食用时淋上芥末籽蜂蜜酱即可。

Tips

香肠花刀打的密集一些，受热更均匀。

396 Kcal

Ham and pea salad
火腿豌豆沙拉

鸡蛋西芹酱

酱汁材料 黑胡椒粉3克，沙拉酱、蒜末、熟鸡蛋、西芹碎各适量。

酱汁做法 熟鸡蛋切碎，倒入蒜末、西芹碎、黑胡椒粉、沙拉酱，拌匀即可。

材料

去皮土豆100克，火腿70克，豌豆60克，去皮胡萝卜70克。

做法

1 土豆、火腿、胡萝卜洗净，切厚片，切条，改切成丁。

2 沸水锅中倒入土豆丁，煮至沸腾，再加入胡萝卜丁、豌豆，煮至断生。

3 捞出焯煮好的食材盛入盘中待用。

4 将焯煮好的食材与火腿块装碗，倒入鸡蛋西芹酱，拌匀。

5 取一盘，将拌好的食材盛入盘中即可。

鸡蛋可以直接用勺子捣碎。

240 Kcal

Bacon and chamomile salad
培根苦菊沙拉

香醋橙油汁

酱汁材料 盐2克，橙子油（做法见P005）10毫升，卡利提香脂醋5毫升。

酱汁做法 将盐、卡利提香脂醋倒入碗中，拌匀，滴入橙子油即可。

材料

培根2片，苦菊20克，番茄60克，柠檬10克，松子15克，马苏里拉芝士适量。

做法

1 番茄、柠檬洗净切成瓣；苦菊洗净切段；马苏里拉芝士切条。

2 锅烧热，放入松子，炒出香味，盛出。

3 再放入培根，煎至熟透，盛出。

4 把苦菊垫入盘中，放入培根、番茄、柠檬、芝士，撒上松子。

5 食用时淋入香醋橙油汁即可。

 Tips

可以用煎培根析出的油炒松子。

Bacon and lettuce salad

培根生菜沙拉

204 Kcal

材料

紫叶生菜1棵，培根2条，番茄1个，黄油少许。

 香草芥末籽酱

酱汁材料 芥末籽酱15克，蒜末10克，盐3克，罗勒碎5克，橄榄油15毫升。

酱汁做法 将芥末籽酱、蒜末、盐、罗勒碎、橄榄油拌匀即可。

做法

1 紫叶生菜洗净，切瓣；番茄洗净，切丁；培根切碎。

2 锅中放入黄油加热至熔化，放入紫叶生菜，煎至微熟，盛出。

3 再放入培根块，翻炒至熟，盛出。

4 将紫叶生菜、培根、番茄摆入盘中。

5 食用时淋上香草芥末籽酱即可。

Tips

紫叶生菜也可生食。

Chicken breast and arugula salad

鸡胸肉芝麻菜沙拉

304 Kcal

材料

鸡胸肉200克，草莓100克，芝麻菜30克，大蒜、盐、黑胡椒碎、橄榄油各适量。

 芥末籽枫糖酱

酱汁材料 芥末籽酱20克，枫糖浆15毫升，苹果醋适量。

酱汁做法 取一碗，倒入芥末籽酱、枫糖浆、苹果醋，搅拌均匀即可。

做法

1 洗净的草莓去蒂，切瓣；大蒜去皮，切成末；洗净的芝麻菜切段。

2 鸡胸肉横刀切开，放入碗中，加入蒜末、黑胡椒碎、盐、橄榄油，抓匀，用铝箔纸包好。

3 把烤箱预热至200℃，在烤盘上放入鸡胸肉，以上、下火烤30分钟至熟透，取出，切成条，再放入烤箱中，烤10分钟，取出。

4 在盘中铺上芝麻菜，放入草莓、鸡胸肉，淋上芥末籽枫糖酱即可。

Tips

鸡胸肉多腌渍一会儿更易入味。

275 Kcal

Mexico style salad
墨西哥沙拉

香菜干牛至酸奶酱

酱汁材料 固体酸奶30毫升，香菜碎、干牛至各适量，墨西哥辣椒酱、百里香油（做法见P003）、盐各少许。

酱汁做法 把固体酸奶、干牛至、香菜碎、盐、墨西哥辣椒酱拌匀，滴入百里香油即可。

材料

鸡胸肉100克，水果彩椒30克，熟玉米粒10克，生菜30克，秋葵30克，朝天椒5克，夏威夷果仁10克，奶油奶酪、辣椒丝各适量，橄榄油、黑胡椒碎、蜂蜜各少许。

做法

1 将鸡胸肉、水果彩椒、生菜、秋葵、朝天椒洗净。

2 水果彩椒去芯，切片；秋葵切片；朝天椒切粒；生菜切条；奶油奶酪打碎。

3 鸡胸肉上刷橄榄油、蜂蜜，撒上黑胡椒碎，放入烤箱，以220℃烤15分钟，取出，斜刀切片。

4 将所有食材摆入盘中，食用前淋上香菜干牛至酸奶酱即可。

Tips

新鲜的鸡胸肉颜色呈干净的粉红色，且肉质紧致，摸起来能感觉到弹性。

282 Kcal

Chicken breast with onions salad
鸡胸肉洋葱沙拉

黄芥末酱

酱汁材料 黄芥末酱15克，白酒醋5毫升，橄榄油、白糖各少许。
酱汁做法 把黄芥末酱、白酒醋、橄榄油、白糖倒入碗中，搅拌均匀即可。

材料

鸡胸肉150克，紫洋葱15克，白洋葱30克，紫薯70克，宝塔花菜20克，蒜末、枸杞芽各少许，盐、黑胡椒碎、橄榄油各适量。

做法

1 把鸡胸肉、紫洋葱、白洋葱、紫薯、宝塔花菜、枸杞芽洗净，沥干水分。

2 将紫洋葱切丝；把白洋葱用模具压成圆片；紫薯去皮，切厚片。

3 鸡胸肉用盐、黑胡椒碎、蒜末、橄榄油拌匀，腌渍10分钟，放入热油锅中以小火煎熟，盛起，放凉后斜刀切片。

4 锅中注水烧开，放入紫薯片，煮至熟透，捞出；再放入宝塔花菜，煮熟后捞出。

5 将所有食材摆入盘中，搭配黄芥末酱食用即可。

Tips

紫薯不仅富含维生素、蛋白质、微量元素，还含有对减肥有利的纤维素，并且脂肪含量极低。

Arugula and grapefruit salad

芝麻菜西柚沙拉

325 Kcal

材料

牛油果1个，西柚70克，芝麻菜30克，鸡胸肉100克，盐、黑胡椒碎、橄榄油各适量。

🫑 西柚芥末酱

酱汁材料 黄芥末酱15克，西柚汁10毫升，紫洋葱末10克，橄榄油、白糖各适量。

酱汁做法 紫洋葱加白糖、黄芥末酱、西柚汁、橄榄油拌匀即可。

做法

1 牛油果挖出果肉，切片；西柚去皮，取出果肉。

2 鸡胸肉撒上盐、黑胡椒碎，淋入橄榄油，用手抓匀，腌渍片刻。

3 锅中倒油烧热，放入鸡胸肉，煎至熟透，取出，切成大块。

4 取一盘，刷上西柚芥末酱，盖上圆形模具，擦掉模具外的酱汁，再在盘子中间铺上芝麻菜，摆入牛油果，放入鸡胸肉。

5 将西柚果肉掰开，点缀在沙拉上即可。

Tips

鸡胸肉也可放入烤箱烤制。

Spicy chicken salad
辛辣鸡肉沙拉

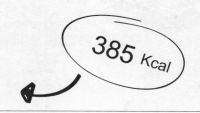

385 Kcal

材料

辣白菜50克，鸡胸肉1块，红椒30克，芝麻菜20克，小葱20克，橄榄油、韩式辣椒酱、蒜末、胡椒粉、盐各适量。

● 韩味辣酱

酱汁材料 蚝油10克，白糖适量，韩式辣椒酱20克。

酱汁做法 在韩式辣椒酱中倒入白糖、蚝油，搅拌均匀即可。

做法

1 小葱洗净，葱白切碎，葱叶切丝，泡入水中；红椒洗净去籽，斜刀切丝；辣白菜切碎。

2 鸡胸肉斜刀切片，加入蒜末、葱末、辣白菜、盐、胡椒粉、韩式辣椒酱、橄榄油，搅拌均匀，腌渍15分钟。

3 锅中倒油烧热，放入鸡胸肉，煎至熟透，取出。

4 在盘中点缀韩味辣酱，用勺刃在酱上划一下，做出延伸效果，将芝麻菜垫入盘中，放入鸡胸肉，撒上红椒丝、葱丝即可。

Tips

鸡胸肉也可不腌渍，直接煎制。

Steak with avocado salad
牛排牛油果沙拉

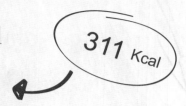

311 Kcal

材料

牛排100克，牛油果50克，圣女果20克，玉米粒15克，奶油奶酪、紫洋葱、紫苏苗、固体酸奶、橄榄油各少许。

柠檬牛油果酱

酱汁材料 牛油果肉20克，青柠檬汁10毫升，固体酸奶10克，白糖少许。

酱汁做法 将所有材料放入搅拌机中，打成糊即可。

做法

1 圣女果、玉米粒、紫苏苗、紫洋葱洗净。

2 牛油果去皮、去核，切块，放入搅拌机，再加入固体酸奶搅拌均匀，用2个勺子交叉压定型；奶油奶酪用2个勺子交叉压定型，备用。

3 圣女果部分切瓣，剩余切片；紫洋葱切丁。

4 锅中注水烧开，倒入玉米粒，煮至熟透，捞出。

5 热锅注油，放入牛排，煎至七成熟，取出，放凉，切丁。

6 将所有食材摆入盘中，淋入柠檬牛油果酱即可。

Tips

选购牛油果时，轻捏表皮有弹性，颜色显青色的为新鲜。

Japanese style roasted tofu salad

和风烤豆腐沙拉

236 Kcal

材料

豆腐150克，水芹菜40克，洋葱30克，牛肉、小黄瓜、胡萝卜各50克，鸡蛋1个，葱花5克，生粉、日式酱油、胡椒粉、橄榄油各适量。

青芥末松子酱

酱汁材料 青芥末10克，日式酱油10毫升，味淋20毫升，松子5克，芝麻油少许。

酱汁做法 将所有材料拌匀即可。

做法

1 把水芹菜、牛肉、洋葱、小黄瓜、胡萝卜洗净。

2 豆腐切成块；水芹菜去掉叶子，留梗；牛肉剁成末；洋葱、小黄瓜、胡萝卜切丝；鸡蛋取蛋清。

3 牛肉末中倒入日式酱油、胡椒粉拌匀，用豆腐块夹住，裹上生粉，再滚上蛋清。

4 锅中注油烧热，放入豆腐块，炸至微焦黄。

5 另起锅，注水烧开，放入水芹菜烫至变软，捞出。

6 把水芹菜绑在豆腐块上，点缀葱花、黄瓜丝、洋葱丝、胡萝卜丝，食用时蘸青芥末松子酱即可。

Tips
优质豆腐颜色微黄有光泽，闻起来有一股豆香味。

308 Kcal

Steak with vanilla salad
牛排香草沙拉

洋葱芥末籽酱

酱汁材料 黄芥末酱、芥末籽酱、紫洋葱碎、罗勒油（做法见P004）各适量。

酱汁做法 把紫洋葱碎、黄芥末酱、芥末籽酱、罗勒油放入碗中，搅拌均匀即可。

材料

牛排150克，马苏里拉芝士40克，娃娃菜、抱子甘蓝各30克，苦菊15克，枸杞芽、罗勒、醋浸刺山柑蕾、盐、橄榄油各适量。

做法

1 将娃娃菜、抱子甘蓝、苦菊、枸杞芽、罗勒清洗干净，沥干水分。

2 马苏里拉芝士块挖出圆球形；罗勒叶切碎，加入盐、橄榄油拌匀。

3 锅中注油烧热，放入牛排，小火煎至表皮微焦，取出，斜刀切片；再将抱子甘蓝放入锅中，翻炒片刻，盛出。

4 把娃娃菜、苦菊放入盘中垫底，摆上牛排、枸杞芽、渍罗勒、抱子甘蓝、醋浸刺山柑蕾、芝士球，食用时淋上洋葱芥末籽酱即可。

Tips

牛肉富含肉毒碱，支持脂肪新陈代谢，适量进食对减肥很有好处。

223 Kcal*

Leek and beef salad
韭菜牛肉沙拉

芝麻酱

酱汁材料 芝麻粉8克，花生酱8克，固体酸奶15克，白糖、白醋、芝麻油各少许。

酱汁做法 把芝麻粉、花生酱、固体酸奶、白糖、白醋、芝麻油倒入碗中，搅拌均匀即可。

材料

韭菜50克，牛肉卷80克，樱桃萝卜、白洋葱各适量，盐、胡椒粉、橄榄油各少许。

做法

1 将韭菜、樱桃萝卜、白洋葱清洗干净，放入碗中备用。

2 把韭菜切段，樱桃萝卜切薄片，白洋葱切丝。

3 锅中注油烧热，放入牛肉卷炒至变色，撒入盐、胡椒粉炒匀，盛出。

4 把韭菜摆在盘中，再放上牛肉。

5 佐以樱桃萝卜薄片、白洋葱丝，淋上芝麻酱即可。

Tips

新鲜牛肉呈有光泽的均匀红色，
脂肪呈白色或乳黄色。

219 Kcal

Roasted duck breast salad
鸭胸肉沙拉

橘子黄芥末籽酱

酱汁材料 橘子汁10毫升，黄芥末酱15克，芥末籽酱10克，白糖少许。

酱汁做法 把橘子汁、黄芥末酱、芥末籽酱、白糖放入碗中，搅拌均匀即可。

材料

鸭胸肉150克，橘子50克，苦菊40克，紫叶生菜30克，枸杞芽、石榴籽、蓝纹芝士各少许。

做法

1 将苦菊、枸杞芽、紫叶生菜洗净，放入碗中备用。

2 橘子去皮，取出果肉，掰成瓣；蓝纹芝士掰碎。

3 锅烧热，把鸭胸肉有皮的那一面放在锅上，用小火煎烤7分钟，翻面后，放入烤箱，以180℃烤5分钟，取出，斜刀切厚片。

4 把紫叶生菜、苦菊铺在盘中，放入鸭胸肉、橘瓣、枸杞芽、石榴籽，撒上蓝纹芝士，淋上橘子黄芥末籽酱即可。

Tips

选购新鲜鸭胸肉时，可靠近肉闻闻是否有异味。

Quail eggs and asparagus salad

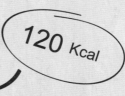

120 Kcal

鹌鹑蛋芦笋沙拉

材料

熟鹌鹑蛋60克，芦笋50克，甜菜根150克，玉米笋、紫苏苗适量，枸杞芽、甜菜根叶少许。

薄荷果醋酱

酱汁材料 固体酸奶30克，苹果醋8毫升，薄荷叶适量，白糖少许。

酱汁做法 薄荷叶撕成碎，倒入固体酸奶、苹果醋、白糖搅拌均匀即可。

做法

1 清洗芦笋、甜菜根、玉米笋、紫苏苗、枸杞芽、甜菜根叶，放入碗中备用；熟鹌鹑蛋去壳。

2 锅中注水烧开，放入芦笋、玉米笋焯1分钟，捞起，芦笋刨成长条片，玉米笋切块。

3 甜菜根切块，煮至熟透，捞出，放入搅拌机中，加水搅拌均匀，再放入鹌鹑蛋浸泡至上色，切块。

4 把上色的鹌鹑蛋摆放至沙拉碟上，放上芦笋、玉米笋、紫苏苗、枸杞芽、甜菜根叶，食用前淋上薄荷果醋酱即可。

Tips

熟鹌鹑蛋可先放冷水中浸泡5分钟，再用手按压在桌子上滚动至壳裂，这样更好剥壳。

Egg cup with cheese salad

蛋盅芝士沙拉

197 Kcal

材料

鸡蛋1个,牛奶20毫升,奶油奶酪适量,白糖适量,橙汁分子料理珠1颗(做法见P007)。

⬤ 橙子酸奶芝士酱

酱汁材料 橙子20克,固体酸奶20克,奶油奶酪10克,白糖3克。

酱汁做法 将橙子榨汁,加入固体酸奶、奶油奶酪、白糖拌匀即可。

做法

1 把鸡蛋洗干净,沥干水分。

2 将鸡蛋一端打开,修整齐,倒出蛋液。

3 把蛋液与牛奶混合均匀,再倒回蛋壳中,固定好。

4 蒸锅注水烧开,放入鸡蛋,蒸至蛋液熟透,取出,备用。

5 将奶油奶酪搅打至顺滑,用裱花袋挤在盘中。

6 盘中放入鸡蛋,把橙汁分子料理珠放在鸡蛋中,食用时淋上橙子酸奶芝士酱即可。

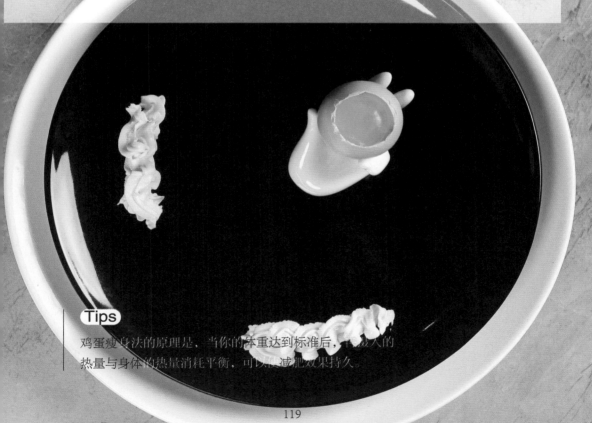

Tips

鸡蛋瘦身法的原理是,当你的体重达到标准后,摄取入的热量与身体的热量消耗平衡,可以使减把效果持久。

97 Kcal

Pickled fish with pomegranate salad
腌鱼肉佐石榴沙拉

石榴青柠檬沙拉酱

酱汁材料 石榴汁15毫升，青柠檬汁5毫升，橄榄油少许。

酱汁做法 将石榴汁、青柠檬汁倒入碗中拌匀，再滴上几滴橄榄油即可。

材料

鱼肉片50克，紫洋葱20克，黄瓜30克，香菜、石榴籽、甜豆各适量，石榴汁分子料理珠（做法见P007）适量。

做法

1 把紫洋葱、黄瓜、香菜、甜豆洗净，沥干水分。

2 紫洋葱切成细丝；黄瓜切成薄片；香菜切碎。

3 锅中注水烧开，倒入甜豆，煮至熟透，捞出。

4 盘中放入卷好的鱼片、黄瓜片，撒入紫洋葱丝、香菜碎、石榴籽、甜豆，把石榴青柠檬沙拉酱倒入盘中，腌制片刻。

5 点缀石榴汁分子料理珠即可。

Tips

选购石榴时，挑选表皮光滑有色泽，皮肉紧绷，且形状方方正正的为好。

Pickled fish with grapefruit jam salad

腌鱼肉佐柚子酱沙拉

86 Kcal

材料

鱼肉片60克，小黄瓜20克，红椒15克，紫洋葱15克，葡萄柚20克，红椒粉适量。

● 葡萄柚蜂蜜酱

酱汁材料 葡萄柚汁15毫升，葡萄柚果粒适量，蜂蜜、柠檬油（做法见P005）各少许。

酱汁做法 将所有材料搅拌均匀即可。

做法

1 把小黄瓜、红椒、紫洋葱洗净，沥干水分。

2 小黄瓜切菱形块；红椒、紫洋葱切细丝；葡萄柚剥出果粒，备用。

3 把葡萄柚蜂蜜酱倒入盘中，放入鱼肉片，撒入红椒丝、紫洋葱丝，腌渍片刻。

4 将小黄瓜块、葡萄柚果粒、红椒粉点缀在盘中即可。

Tips

鱼肉富含蛋白质，热量低，适当进食有利于减肥。

Baby cuttlefish with pineapple salad
墨鱼仔佐菠萝沙拉

材料

墨鱼仔150克，胡萝卜20克，菠萝肉40克，樱桃萝卜30克，西芹、薄荷叶各适量，盐、料酒各少许。

🔵 青豌豆酱

酱汁材料 豌豆30克，柠檬汁10毫升，盐、薄荷叶各适量。

酱汁做法 把豌豆煮熟，与水、柠檬汁、薄荷叶、盐一起倒入搅拌机里搅拌均匀即可。

做法

1 墨鱼仔清理干净；胡萝卜、樱桃萝卜、西芹、薄荷叶洗净。

2 把胡萝卜、樱桃萝卜切成薄圆片；菠萝肉切成粒；西芹切成丝。

3 锅中注水烧开，放入墨鱼仔，淋入料酒，加入盐，煮10分钟，捞起，过冷水。

4 将所有食材摆入盘中，淋入青豌豆酱即可。

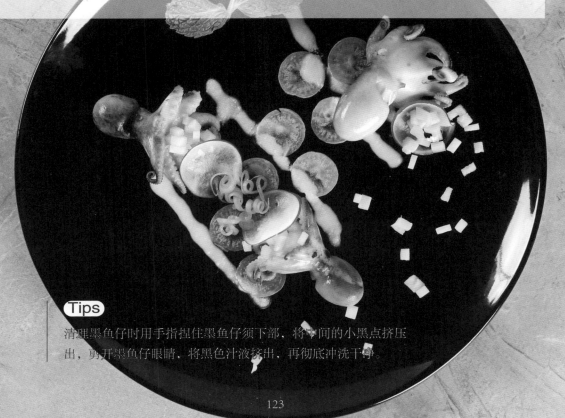

> **Tips**
> 清理墨鱼仔时用手指捏住墨鱼仔须下部，将中间的小黑点挤压出，剪开墨鱼仔眼睛，将黑色汁液挤出，再彻底冲洗干净。

179 Kcal

Shredded cucumber with tuna salad
黄瓜面佐金枪鱼沙拉

巴萨米可醋蜂蜜酱

酱汁材料 巴萨米可醋15毫升，蜂蜜8克，酱油5毫升，姜末、葱末各适量。

酱汁做法 把巴萨米可醋、蜂蜜、酱油、姜末、葱末倒入碗中，搅拌均匀即可。

材料

小黄瓜50克，罐头金枪鱼肉30克，甜菜根40克，胡萝卜30克，黑橄榄15克，枸杞芽少许，熟白芝麻、熟黑芝麻各适量。

做法

1 将小黄瓜、甜菜根、胡萝卜、枸杞芽洗净，备用。

2 用刨丝器把小黄瓜、胡萝卜刨出丝；黑橄榄切片；甜菜根切片，再用模具压成小圆片；金枪鱼肉撕块。

3 锅中注水烧开，倒入甜菜根片，煮至熟透，捞出。

4 把小黄瓜丝、胡萝卜丝、枸杞芽、金枪鱼肉摆入盘中，撒入熟黑芝麻、熟白芝麻，盘边点缀黑橄榄片、甜菜根圆片，食用时淋入巴萨米可醋蜂蜜酱即可。

Tips

金枪鱼肉低脂肪、低热量，含有优质的蛋白质，适量进食，可以平衡身体所需营养。

Tuna and vegetables salad

金枪鱼蔬菜盅

187 Kcal

材料

罐头金枪鱼肉50克，鹌鹑蛋30克，水芹菜10克，紫叶生菜35克，圣女果30克，红葱头、黑橄榄、小葱各少许。

🟢 橄榄油柠檬汁

酱汁材料 柠檬汁30毫升，橄榄油、盐、白胡椒粉各少许。

酱汁做法 把柠檬汁、盐、白胡椒粉倒入碗中搅拌均匀，再滴入少许橄榄油即可。

做法

1 清洗水芹菜、紫叶生菜、圣女果、红葱头、小葱，放入碗中备用。

2 将水芹菜切丝；圣女果切圆片；黑橄榄切圆片；小葱切葱花；红葱头切圈；金枪鱼肉撕碎。

3 锅中注水烧开，放入鹌鹑蛋，中小火煮约5分钟，捞出，过冷水，去壳，切片。

4 把紫叶生菜摆入盘中围成盅形，放上圣女果片、红葱头圈、芹菜丝、鹌鹑蛋、金枪鱼肉、黑橄榄片，撒上葱花，淋入橄榄油柠檬汁即可。

Tips

紫叶生菜富含的维生素、矿物质有助于人体消化，促进血液循环，清理肠道积累废物。

Tuna and cuke salad
金枪鱼小黄瓜沙拉

236 Kcal

材料

罐头金枪鱼50克，黄瓜100克，珍珠番茄20克，水煮蛋50克，西洋菜、红椒、熟黑芝麻、紫洋葱各少许。

😊 金枪鱼酸奶酱

酱汁材料 罐头金枪鱼10克，固体酸奶、盐、白糖、胡椒粉各适量。

酱汁做法 金枪鱼肉撕碎，加入固体酸奶、盐、白糖、胡椒粉搅拌均匀即可。

做法

1 黄瓜、珍珠番茄、西洋菜、红椒、紫洋葱洗净，放入碗中备用。

2 珍珠番茄部分切片，部分切碎；金枪鱼、红椒、紫洋葱切末；黄瓜对半切开，去籽、修整齐；水煮蛋去壳。

3 把水煮蛋捣碎，加入熟黑芝麻、红椒末、紫洋葱末、珍珠番茄碎、金枪鱼碎，倒入金枪鱼酸奶酱搅拌均匀，填入黄瓜段内。

4 把黄瓜段放入沙拉碟中，点缀上珍珠番茄片、西洋菜即可。

Tips
可使用蔬菜取芯器去除黄瓜籽，这样更省时间。

144 Kcal

Smoked salmon with jam yogurt

烟熏三文鱼佐果酱优格

菠萝酸奶酱

酱汁材料 菠萝粒10克，固体酸奶20克，柠檬汁8毫升，葱花少许。

酱汁做法 把固体酸奶、柠檬汁倒入碗中，撒上菠萝粒、葱花，搅拌均匀即可。

材料

烟熏三文鱼50克，全麦面包20克，苹果60克，葱花、橙皮屑、盐各少许。

做法

1 苹果洗净去皮，切片，一部分用模具压成圆片，再取少许切丝，泡入淡盐水中，防止氧化。

2 全麦面包用模具压成三个圆片，放入烤箱中，以180℃烤5分钟，取出。

3 把烟熏三文鱼切开，卷成花状，备用。

4 以面包圆片做底，叠上苹果圆片，再摆上三文鱼花卷，把苹果丝插入三文鱼花卷中，摆在盘上，撒上葱花、橙皮屑，淋上菠萝酸奶酱即可。

Tips

取一片三文鱼对折，卷紧呈圆形作为花心，再取一片三文鱼沿花心根部包卷，顶部往外翻即可。

Salmon and cucumber rolls salad

179 Kcal

三文鱼黄瓜卷沙拉

材料

鲜三文鱼肉100克，黄瓜、茄子各50克，紫洋葱、苹果各少许，豆苗15克，盐、橄榄油各适量。

 青芥末酱

酱汁材料 青芥末酱5克，柠檬汁10毫升，固体酸奶20克，蒜末适量。

酱汁做法 把青芥末酱、柠檬汁、固体酸奶、蒜末倒入沙拉碗中，搅拌均匀即可。

做法

1 把黄瓜、茄子、紫洋葱、苹果、豆苗洗净，放入碗中备用。

2 用刨刀分别把黄瓜、茄子刨成长薄片；紫洋葱切丝；三文鱼肉切片；苹果切丝，泡入淡盐水中。

3 锅注油烧热，放入茄子，小火煎至变软，取出。

4 把黄瓜片、茄子片分别铺平，再铺上三文鱼片、苹果丝、紫洋葱丝、豆苗，卷起来，用竹签固定。

5 把三文鱼卷摆入盘中，在盘中空位摆放剩余豆苗，食用前淋入青芥末酱即可。

Tips

用粗竹签固定更牢固。

Salmon and capers salad

三文鱼酸豆沙拉

238 Kcal

材料

三文鱼150克，圆白菜40克，红彩椒、黄彩椒各50克，豆苗少许。

 酸豆芥末籽酱

酱汁材料 芥末籽酱15克，盐3克，酸豆5克。

酱汁做法 白洋葱、酸豆切碎，倒入蒜末、胡椒粉、盐、芥末籽酱、橄榄油搅拌均匀即可。

做法

1 红彩椒、黄彩椒均洗净去蒂、籽，切成条；圆白菜洗净，切成细丝；豆苗洗净，沥干水分。

2 三文鱼去皮，片成长条。

3 将三文鱼平铺在案板上，放入红彩椒丝、黄彩椒丝、豆苗卷起。

4 再卷一层三文鱼，卷成玫瑰花状。

5 将圆白菜丝撒入盘中，放上三文鱼卷，点缀酸豆芥末籽酱即可。

Tips

卷三文鱼时最好戴手套，以免污染食材。

98 Kcal

Japanese scallop with mango salad
元贝芒果沙拉

芒果酱

酱汁材料 芒果泥20克，蒜末5克，柠檬汁15毫升，橄榄油少许。

酱汁做法 把芒果泥倒入碗中，再倒入柠檬汁、蒜末拌匀，滴入少许橄榄油即可。

材料

新鲜元贝肉60克，芒果100克，香菜10克，红椒粉少许。

做法

1 元贝肉清理干净；芒果、香菜洗净。

2 把元贝肉对半切开；芒果去皮，果肉切成粒；把香菜撕成小叶。

3 把元贝肉摆入盘中，放入芒果粒，再用香菜叶、红椒粉装饰盘边。

4 淋入芒果酱，撒上少许红椒粉即可。

Tips

取元贝肉时，将刀尖插入壳中，
再用平刀将贝壳切开即可。

Scallops with scallion salad

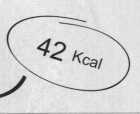

42 Kcal

扇贝大葱沙拉

材料

扇贝肉60克，扇贝壳1个，大葱20克，鱼子酱、香菜各适量。

🔘 蒜味海鲜酱

酱汁材料 XO酱10克，葡萄籽油10毫升，蒜末、胡椒粉、盐各少许。

酱汁做法 把蒜末、XO酱、葡萄籽油、胡椒粉、盐放入碗中，搅拌均匀即可。

做法

1 清洗扇贝肉、大葱、香菜；刷干净扇贝壳。

2 大葱切成圆片；香菜切碎。

3 锅烧热，放入扇贝肉、大葱片，稍微煎片刻，盛出。

4 把扇贝肉放入洗净的扇贝壳中，撒上香菜碎，淋上蒜味海鲜酱，和大葱片一起摆入盘中，在扇贝壳上点缀鱼子酱即可。

Tips

也可将海鲜酱与扇贝肉炒在一起，味道更佳。

Avocado and crab salad

180 Kcal

牛油果蟹肉沙拉

材料

牛油果50克，蟹肉棒70克，圣女果40克，紫苏苗、固体酸奶各适量。

杂蔬酸奶沙拉酱

酱汁材料 固体酸奶20克，柠檬皮屑、圣女果、青椒各适量，蜂蜜少许。

酱汁做法 把圣女果、青椒切末，加入柠檬皮屑、固体酸奶、蜂蜜搅拌均匀即可。

做法

1 把圣女果、紫苏苗洗净，备用。

2 牛油果去核、切片，再用圆形模具压成小圆片；圣女果切片。

3 锅中注水烧开，放入蟹肉棒，煮3分钟，取出，放凉，撕成丝，装碗。

4 把固体酸奶倒入装有蟹肉丝的碗中搅拌均匀，用模具压成圆柱形，摆入盘中。

5 将牛油果片、圣女果片、紫苏苗装盘，食用时淋入杂蔬酸奶沙拉酱即可。

Tips

用模具压蟹肉丝时，多余酸奶会被挤压出来，用厨房纸吸干即可。

170 Kcal

Shrimp with kiwi salad
虾仁奇异果沙拉

奇异果洋葱酱

酱 汁 材 料 奇异果、紫洋葱各5克，枫糖浆10克，柠檬汁20毫升，橄榄油少许。

酱 汁 做 法 把奇异果、紫洋葱切成颗粒，倒入沙拉碗中，加入枫糖浆、柠檬汁拌匀，滴入少许橄榄油即可。

材料

基围虾120克，红葱头15克，小黄瓜20克，黄金奇异果50克，鲜莳萝适量。

做法

1 把红葱头、小黄瓜、鲜莳萝洗净，沥干水分。

2 将红葱头切圈；黄金奇异果切片；小黄瓜切长条薄片，卷起；莳萝撕成小块。

3 锅中注水烧开，放入基围虾，煮至变红，捞起，过冷水，去除虾头、虾壳，备用。

4 把黄金奇异果片、虾仁、红葱头圈、黄瓜卷摆入盘中。

5 点缀奇异果洋葱酱，撒入莳萝即可。

Tips

将奇异果洋葱酱倒入盘中，注入少许矿泉水，制造水池效果。

119 Kcal

Shrimp salad
虾仁沙拉

蒜末甜辣酱

(酱汁材料) 甜辣酱10克，固体酸奶20克，蒜末、胡椒粉各少许。

(酱汁做法) 把甜辣酱、固体酸奶、蒜末、胡椒粉放入碗中，搅拌均匀即可。

材料

鲜虾80克，甜菜根30克，绿色小番茄20克，胡萝卜20克，樱桃萝卜、樱桃萝卜叶各适量。

做法

1 甜菜根、绿色小番茄、胡萝卜、樱桃萝卜、樱桃萝卜叶均洗净，放入碗中备用。

2 甜菜根去皮，切片，用模具压成圆形；绿色小番茄切片；胡萝卜、樱桃萝卜均切薄圆片。

3 锅中注水烧开，放入鲜虾，煮至虾壳变红，捞起，冷却，剥去虾壳；甜菜根片放入开水锅中，煮至熟透，捞出。

4 把番茄片、鲜虾、甜菜根片、胡萝卜片、樱桃萝卜片、樱桃萝卜叶摆入盘中，滴入蒜末甜辣酱即可。

Tips

生虾放置过久会导致虾壳变红，
虾头变黑。

187 Kcal

Seafood salad
海鲜沙拉

酱油沫

酱 汁 材 料 酱油、大豆卵磷粉各适量。

酱 汁 做 法 把酱油倒入碗中，再倒入大豆卵磷粉，用搅拌器搅至起沫即可。

材料

蟹肉棒50克，大虾50克，烟熏三文鱼片30克，罐头金枪鱼肉20克，苦菊、紫苏叶、青金橘各适量。

做法

1 将苦菊、紫苏叶、青金橘清洗干净。

2 青金橘对半切开；烟熏三文鱼卷成花形。

3 锅中注水烧开，放入蟹肉棒、大虾，煮2分钟，捞起。

4 把蟹肉棒、大虾、三文鱼、金枪鱼肉摆入盘中，点缀苦菊、紫苏叶、青金橘，铺上适量酱油沫即可。

Tips

也可以选取生的海鲜作为刺身沙拉食用。

Thai salad

泰式沙拉

173 Kcal

材料

墨鱼仔3只，虾仁4个，菠萝肉60克，小黄瓜50克，草菇30克，朝天椒、生菜、料酒、盐各少许。

 泰式鲜酱

酱汁材料 柠檬汁适量，蒜末5克，鱼露少许，白糖少许，盐3克，香菜末5克，泰式甜辣酱15克。

酱汁做法 将所有材料倒入碗中，搅拌均匀即可。

做法

1 菠萝去芯，斜刀切成块；小黄瓜洗净，切成圆片；草菇洗净，对半切开；生菜洗净，撕成大块；朝天椒洗净，切丝但不切断，泡入清水中。

2 墨鱼仔处理干净。

3 锅中倒水烧开，倒入草菇，氽至断生，捞出。

4 锅中再倒入料酒、盐，放入墨鱼仔、虾仁，煮至熟透，捞出。

5 将所有食材摆入盘中，淋上泰式鲜酱即可。

Tips

处理墨鱼仔时可以放在水中清理，不易弄脏衣物。

Seafood and mushroom salad

海鲜菌菇沙拉

227 Kcal

材料

蛤蜊10颗，虾5只，香菇、蟹味菇、口蘑各50克，鱿鱼1只，鲜百里香、白洋葱末、蒜末、辣椒酱、白酒、盐、胡椒粉、橄榄油各适量。

 百里香洋葱酱

酱汁材料 白洋葱末10克，鲜百里香5克，橄榄油、盐、芥末籽酱、巴萨米可醋各适量，蜂蜜5克。

酱汁做法 所有材料拌匀即可。

做法

1 将口蘑、香菇切成片；蟹味菇去根；鱿鱼打上麦穗花刀，切大块，鱿鱼须切段；鲜百里香取叶。

2 沸水锅放入鱿鱼汆至卷起，捞出；放入蛤蜊、虾，煮至熟透，捞出。

3 热油锅放部分蒜末、白洋葱、鱿鱼花炒匀，加盐、胡椒粉调味，盛出；倒入辣椒酱、白酒、蛤蜊、虾、鲜百里香炒熟，盛出；放剩余蒜末、白洋葱、香菇、蟹味菇、口蘑煸熟，加入盐、胡椒粉调味，盛出摆盘，淋上百里香洋葱酱即可。

Tips

鱿鱼打花刀会更美观。

143

121 Kcal

Passionfruit pear and seafood salad

百香果蜜梨海鲜沙拉

百香果蜂蜜酱

酱汁材料 百香果1个，蜂蜜少许，橄榄油适量。

酱汁做法 百香果取果肉和蜂蜜拌匀，加入橄榄油，搅拌均匀即可。

材料

雪梨100克，番茄100克，黄瓜80克，芦笋50克，虾仁15克，橄榄油少许。

做法

1 洗好去皮的雪梨去核，切成小块；黄瓜去籽，再切成小片。

2 洗好的番茄切花刀；芦笋切成条；处理好的虾仁由背部切开，去除虾线。

3 锅中倒水烧开，倒入少许橄榄油，放入芦笋，略煮一会儿，捞出，装盘备用。

4 沸水锅中倒入虾仁，略煮一会儿，捞出，装盘备用。

5 取一盘，放入番茄、芦笋、黄瓜、虾仁、雪梨，浇上百香果蜂蜜酱即可。

 Tips

处理虾仁时记得去虾线。

饱腹感十足的沙拉

减肥不顾及身体需要吸收营养是不能长久保持减肥效果的，反弹的可能性也更高。蔬菜、坚果、菇类、豆类富含大量人体所需的营养，且热量低，非常适合减肥时期进食。这样能做到既维持减肥效果，又不会因为减肥而搞垮身体，也不会因长期挨饿减肥成功后忍不住吃更多食物，导致肥胖反弹。所以做到在减肥期间维持营养和精神状态良好也是很重要的。

276 Kcal

Vegetables salad

田园沙拉

核桃豆浆酱

酱汁材料 核桃碎10克，豆浆30毫升，白糖、盐、橄榄油各少许。

酱汁做法 把核桃碎、豆浆、白糖、盐放入碗中搅拌均匀，滴入少许橄榄油即可。

材料

全麦面包30克，胡萝卜30克，四季豆40克，樱桃萝卜25克，罐头鸡尾洋葱15克，葵花籽肉30克，小葱、橄榄油各少许。

做法

1 胡萝卜、四季豆、樱桃萝卜、小葱洗净，放入碗中备用。

2 胡萝卜切丝；四季豆切成小段；樱桃萝卜切瓣，留叶；小葱切葱丝。

3 锅中注水烧开，倒入四季豆、胡萝卜，淋入少许橄榄油，焯2分钟，捞出。

4 烧热锅，小火干炒葵花籽肉，至呈微金黄色，盛出。

5 把全麦面包切小块，放入烤箱，以180℃烤10分钟，取出，放入研磨器中，和葵花籽肉一起研碎，盛出。

6 盘中摆入鸡尾洋葱、樱桃萝卜瓣、四季豆小段、胡萝卜丝、樱桃萝卜叶、葱丝，周围撒上面包碎，食用时淋上核桃豆浆酱即可。

Tips

全麦面包比起普通面包富含更多纤维素，人体不吸收纤维素，易于有饱腹感。

72 Kcal

Honey avocado and vegetable salad
蜂蜜牛油果蔬菜沙拉

杏仁酱

酱汁材料 杏仁碎10克，豆浆15毫升，蜂蜜、盐、胡椒粉各少许。

酱汁做法 把杏仁碎、豆浆、蜂蜜、盐、胡椒粉倒入碗中，搅拌均匀即可。

材料

牛油果30克，手指胡萝卜40克，葵花籽肉15克，枸杞叶、珍珠菜各10克，红椒粉3克，蜂蜜适量。

做法

1 把手指胡萝卜、益母草叶、珍珠菜、枸杞叶洗净，沥干水分。

2 把牛油果对半切开，去核，切块。

3 在手指胡萝卜上刷蜂蜜，放入烤箱，180℃烤约10分钟至微焦，取出。

4 烧热锅，倒入葵花籽肉，翻炒至微黄，倒出，备用。

5 在盘中铺上枸杞叶、珍珠菜，摆放上牛油果块、手指胡萝卜，撒上葵花籽肉，盘周围撒上红椒粉点缀，食用时淋上杏仁酱即可。

Tips

牛油果含有将脂肪分解为脂肪酸和水分的消化酶素，果肉脂肪含量高，易产生饱腹感，更含有促进脂肪代谢的油酸。

Pistachio and vegetable salad

开心果蔬菜沙拉

423 Kcal

材料

豌豆50克，玉米粒85克，红蜜豆70克，胡萝卜90克，开心果仁40克，生菜10克。

 橙汁酸奶酱

酱汁材料 浓缩橙汁少许，酸奶35克。

酱汁做法 把酸奶装入碗中，倒入浓缩橙汁，快速搅拌匀，至橙汁溶化，即成橙汁酸奶酱。

做法

1 将洗好的生菜撕成条形；去皮胡萝卜切小块。

2 锅中倒入水烧开，倒入胡萝卜块、豌豆、玉米粒，拌匀，用大火焯煮约3分钟，捞出。

3 取一大碗，倒入焯好的食材，放入红蜜豆搅匀，淋上适量的橙汁酸奶酱，搅拌至食材入味。

4 另取一盘子，放入撕好的生菜，铺放好，再盛入拌好的材料，点缀上少许开心果仁即可。

Tips

开心果剥去壳后，不要再剥外皮，以保留营养。

Spinach salad
菠菜沙拉

79 Kcal

材料

菠菜叶60克，核桃仁10克，红椒碎
适量，食用油少许。

洋葱蒜末油醋汁

酱汁材料 洋葱碎适量，蒜末适
量，橄榄油5毫升，盐3克，白糖3
克，白洋醋3毫升。

酱汁做法 洋葱碎、蒜末、橄榄
油、盐、白糖、白洋醋拌匀即可。

做法

1 沸水锅中加入适量的食用油，倒入菠菜叶，焯煮
至断生。

2 将菠菜叶捞出，放入碗中。

3 将洋葱蒜末油醋汁倒入菠菜叶中，搅拌片刻。

4 往盘中放上压模，往压模中放入拌匀的菠菜叶，
压平。

5 慢慢将压模取出，往菠菜叶上放适量的红椒碎做
点缀，旁边放上核桃仁即可。

Tips

菠菜焯水时间不要过久。

135 Kcal

A vegetarian salad with oil and vinegar
油醋汁素食沙拉

橄榄油苹果醋汁

酱汁材料 苹果醋10毫升，白糖5克，橄榄油适量。
酱汁做法 将橄榄油、白糖、苹果醋搅拌均匀即可。

材料

生菜40克，圣女果50克，蓝莓10克，杏仁20克。

做法

1 圣女果对半切开；生菜切段；蓝莓洗净。

2 取一碗，放入生菜、杏仁、蓝莓，拌匀。

3 加入橄榄油苹果醋汁，搅拌均匀。

4 取一盘，摆放上切好的圣女果。

5 倒入拌好的果蔬即可。

杏仁烘烤一下味道更佳。

Cauliflowers and nut salad

三色花菜坚果沙拉

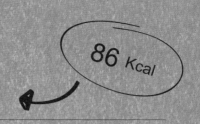

86 Kcal

材料

白色花菜、紫色花菜、宝塔花菜各30克，松子肉、珍珠菜、葵花籽肉、盐、胡椒粉各少许。

蒜末酸奶芥末籽酱

酱汁材料 芥末籽酱15克，蒜末8克，固体酸奶10克，帕玛森芝士5克。

酱汁做法 把蒜末、芥末籽酱、帕玛森芝士、固体酸奶放入碗中，搅拌均匀即可。

做法

1 把白色花菜、紫色花菜、宝塔花菜、珍珠菜清洗干净。

2 将花菜放入烤箱中，撒上适量盐、胡椒粉，以180℃烤15分钟，取出。

3 锅烧热，倒入松子肉，小火干炒至散发出香味，盛出；再倒入葵花籽肉，小火干炒至散发出香味，盛出。

4 在盘中淋上蒜末酸奶芥末籽酱，点缀葵花籽肉、松子肉，再摆放上花菜、珍珠菜即可。

Tips

花菜含水量较高，所含热量较低，且易有饱腹感。

Roasted pear with hazelnut salad

烤梨榛果沙拉

269 Kcal

材料

西洋梨50克，榛子肉20克，抱子甘蓝30克，胡萝卜20克，藜麦30克，西洋菜20克。

🥄 酸奶花生酱

酱汁材料 花生酱10克，固体酸奶20克，柑橘油（做法见P005）、蜂蜜各少许。

酱汁做法 把所有酱汁材料搅拌均匀即可。

做法

1 将西洋梨、抱子甘蓝、胡萝卜、西洋菜洗净。

2 抱子甘蓝剥出半圆叶；胡萝卜切丝；西洋梨去核，切片。

3 锅中注水烧开，倒入藜麦，煮15分钟，捞起；西洋梨、榛子肉放入烤箱，以180℃烤15分钟，取出。

4 把煮熟的藜麦盛入抱子甘蓝圆叶内，点缀上榛子肉，摆入盘中，放上西洋梨、西洋菜、胡萝卜丝，用酸奶花生酱画出图案即可。

Tips

梨脐深的母梨，且整体看起来光滑整齐，呈圆形的为优质梨。

218 Kcal

Roasted beet with walnut salad
烤甜菜根核桃沙拉

洋葱迷迭香油

酱汁材料 罐头鳀鱼碎5克，紫洋葱末5克，迷迭香油（做法见P003）适量。

酱汁做法 鳀鱼碎、紫洋葱末拌匀，放入碟中，倒入迷迭香油即可。

材料

甜菜根100克，核桃20克，紫洋葱30克，芝麻菜、紫苏苗、豆苗各适量。

做法

1 把甜菜根、紫洋葱、芝麻菜、紫苏苗、豆苗洗净。

2 紫洋葱切丝。

3 用铝箔纸把甜菜根包裹起来，放入预热200℃的烤箱内，烤30分钟后取出，待冷却后切瓣。

4 再将核桃放入烤箱中，烤至香脆，取出。

5 把芝麻菜、紫苏苗、豆苗摆入盘中垫底，摆上烤熟的甜菜根瓣，佐以核桃、紫洋葱丝，食用时淋入洋葱迷迭香油即可。

Tips

核桃外壳花纹相对多且浅，核桃仁黄皮，色泽艳，且饱满，为优质核桃。

173 Kcal

Tofu with pecans salad
豆腐佐碧根果沙拉

豆腐酱

酱汁材料 豆腐30克，柠檬汁5毫升，橄榄油、白糖、盐各少许。

酱汁做法 把豆腐、柠檬汁、橄榄油、白糖、盐放入搅拌机搅拌均匀即可。

材料

老豆腐100克，碧根果肉30克，白玉菇、海鲜菇、滑子菇各30克，蓝纹芝士适量，芝士酪（做法见P009）、盐、橄榄油、白糖各适量。

做法

1 把白玉菇、海鲜菇、滑子菇放入清水中洗净，沥干水分。

2 锅中注油烧热，放入白玉菇、海鲜菇、滑子菇，翻炒片刻，盛出。

3 锅中注水烧开，放入用模具压好形状的豆腐，撒入少许盐，煮3分钟，捞起。

4 锅中注入少许油，倒入白糖炒至呈微黄色，放入碧根果肉，使焦糖裹在其表面上，关火，夹放至盘中放凉，直至表面焦糖变硬。

5 把豆腐摆放至沙拉盘中，放入白玉菇、海鲜菇、滑子菇、碧根果、蓝纹芝士，点缀芝士酪，食用时淋上豆腐酱即可。

Tips

碧根果外壳颜色微黄且色泽均匀，果仁颜色偏暗褐色且有油光的为优质碧根果。

259 Kcal

Chicken breast with pistachio curry salad

开心果鸡胸肉咖喱沙拉

椰奶咖喱酱

酱汁材料 椰奶15毫升，鱼露5毫升，咖喱粉5克，橄榄油、白糖、盐、胡椒粉、蒜末各少许。

酱汁做法 把蒜末、椰奶、鱼露、咖喱粉、白糖、盐、胡椒粉放入碗中，搅拌均匀即可。

材料

鸡胸肉100克，胡萝卜30克，西洋菜15克，紫叶生菜25克，苦菊15克，甜菜根、葡萄干、开心果仁各适量，盐、黑胡椒碎、橄榄油各少许。

做法

1 将胡萝卜、西洋菜、紫叶生菜、苦菊、甜菜根清洗干净，沥干水分。

2 胡萝卜切丝；甜菜根切片，用模具压成圆片，倒入热水锅中，煮至熟透，捞出。

3 将鸡胸肉撒上盐、黑胡椒碎、橄榄油抹匀，腌渍片刻。

4 平底锅刷上橄榄油，放入鸡胸肉，煎至呈微黄色，取出放凉，斜刀切片。

5 把胡萝卜丝、紫叶生菜、西洋菜、苦菊叠放入盘中，摆放上鸡胸肉，撒上葡萄干、开心果仁、甜菜根片，滴入椰奶咖喱酱即可。

Tips

开心果外壳颜色呈淡黄色，果仁颜色呈绿色的为新鲜开心果。

330 Kcal

Duck breast with walnut salad

鸭胸肉核桃沙拉

菠萝番茄酱

酱汁材料 番茄酱20克，蒜末5克，菠萝粒8克，生姜汁、酱油、蜂蜜、胡椒粉各少许。

酱汁做法 把蒜末、菠萝粒、番茄酱、生姜汁、酱油、蜂蜜、胡椒粉搅拌均匀即可。

材料

鸭胸肉150克，核桃30克，抱子甘蓝30克，紫苏苗、橙皮末各少许，蜂蜜、盐、黑胡椒碎、橄榄油各适量。

做法

1 清洗抱子甘蓝、紫苏苗、鸭胸肉，备用。

2 把抱子甘蓝对半切开；鸭胸肉加入盐、黑胡椒碎抹匀，腌渍片刻。

3 热锅倒入蜂蜜，炒至变色，放入核桃裹匀糖浆，撒上少许橙皮末，取出，冷却。

4 锅注油烧热，放入鸭胸肉，有皮的一面朝下，小火煎至其表皮微焦，盛出，切片；再放入抱子甘蓝，稍煎片刻，盛出。

5 把鸭胸肉、紫苏苗、蜂蜜核桃、抱子甘蓝、橙皮末摆入盘中，淋入菠萝番茄酱即可。

Tips

鸭肉去皮煎制可降低菜肴的脂肪含量。

190 Kcal

Roasted scallop with almond salad
烤扇贝杏仁沙拉

杏仁豆浆酱

酱汁材料 杏仁碎8克，豆浆30毫升，蜂蜜少许。

酱汁做法 杏仁碎、豆浆、蜂蜜一起倒入碗中，搅拌均匀即可。

材料

新鲜扇贝肉80克，抱子甘蓝30克，大杏仁20克，豆苗30克，小白菜、香菜、橄榄油各适量。

做法

1 清洗抱子甘蓝、豆苗、小白菜、香菜，放入碗中备用。

2 抱子甘蓝对半切开。

3 锅中注油烧热，放入抱子甘蓝，煎至微焦，盛出；再放入扇贝肉，烤至微微变色，盛出。

4 把豆苗、小白菜、香菜摆入盘中垫底，再放上大杏仁、熟扇贝肉、抱子甘蓝，食用时淋入杏仁豆浆酱即可。

Tips

扇贝肉也可以做刺身食用。

130 Kcal

Prawn with nut salad
大虾坚果沙拉

姜末蜂蜜酱

酱汁材料 巴萨米可醋5毫升，蜂蜜10克，碧根果碎、姜末各少许。

酱汁做法 把碧根果碎、姜末放入碗中，再倒入巴萨米可醋、蜂蜜搅拌均匀即可。

材料

大虾50克，芒果50克，牛油果30克，碧根果适量，鲜莳萝、枸杞芽各适量，RIO果冻（见P008）适量。

做法

1 莳萝、枸杞芽洗净；大虾去头、去壳，留尾；碧根果去壳。

2 芒果、牛油果去皮，切片，用模具压成圆片。

3 锅中注水烧开，放入虾仁，煮至变色，捞出。

4 将所有食材摆入盘中，点缀莳萝、枸杞芽，淋入姜末蜂蜜酱即可。

Tips

大虾呈青绿色，色泽较为统一，身体呈半透明，
壳厚无粘感，虾身有弹性为新鲜大虾。

Broccoli and nut salad

243 Kcal

西蓝花坚果沙拉

材料

西蓝花80克，番茄50克，鸡蛋1个，杂坚果、杂果干各适量，橄榄油少许。

 核桃杏仁酱

酱汁材料 橄榄油15毫升，白醋10毫升，白糖、核桃、杏仁各5克。

酱汁做法 将桃碎、杏仁、白糖、白醋、橄榄油一起放入搅拌机，搅拌均匀即可。

做法

1 西蓝花洗净，切朵；番茄洗净，切丁。

2 锅中倒水烧开，放入西蓝花，淋入橄榄油，焯至断生，捞出。

3 再放入鸡蛋，煮至熟透，捞出，去壳，切成瓣，再改切成丁。

4 将西蓝花在盘中1/3的位置摆成直线，盘中一侧装入鸡蛋碎，另一侧装入番茄。

5 在番茄上撒杂坚果，在鸡蛋碎上撒杂果干，淋上核桃杏仁酱即可。

Tips

西蓝花烹饪前先泡入淡盐水中片刻，可驱除隐藏的小虫。

The couscous and vegetables salad

古斯米杂蔬沙拉

275 Kcal

材料

古斯米50克，西葫芦40克，红彩椒40克，白洋葱30克，罐头玉米粒40克，葡萄干、橄榄油各适量。

 意式香料酱

酱汁材料 黑胡椒碎6克，白醋10毫升，鲜罗勒5克，盐3克，白洋葱10克，柠檬油（做法见P005）适量，番茄30克。

酱汁做法 所有材料拌匀即可。

做法

1 西葫芦、红彩椒、白洋葱洗净，切成粒。

2 锅中倒水烧开，放入古斯米，煮10分钟，捞出，装入碗中。

3 锅中倒油烧热，放入白洋葱、罐头玉米粒、红彩椒、西葫芦，炒香盛出。

4 将古斯米装入盘边，在中部盛入炒好的蔬菜。

5 撒上葡萄干，淋上意式香料酱即可。

Tips

古斯米易熟，不需要浸泡。

低热量主食沙拉

减肥时期需要均衡饮食，不仅需要摄入蛋白质、维生素等营养，还要进食水果帮助排毒，而主食减脂沙拉能保证人体所需的营养。

本章节列出主食减脂沙拉的搭配，减肥人士能通过其中所列出的卡路里数了解到食材的热量，了解清楚健康减脂食材，再按照自我喜好搭配主食减脂沙拉。

102 Kcal

Tomatoes and chick-peas salad
番茄鹰嘴豆沙拉

蒜末芥末籽百里香酱

酱汁材料 芥末籽酱30毫升，蒜末、百里香油（做法见P003）、白糖各少许。

酱汁做法 把芥末籽酱、百里香油、蒜末、白糖放入碗中，搅拌均匀即可。

材料

番茄100克，圣女果、黑色番茄各50克，鹰嘴豆30克，黄瓜20克，豆苗、小白菜、红葱头各适量。

做法

1 鹰嘴豆在清水中浸泡8小时。

2 锅中烧开水，鹰嘴豆以中火煮60分钟。

3 番茄、圣女果、黑色番茄、黄瓜均切片。

4 红葱头切圈。

5 所有食材摆放沙拉盘，食用时浇上蒜末芥末籽百里香酱即可。

Tips

挑选番茄时，应选择外观圆润且皮薄，捏上去结实不松软的。

Chick-pea mixed vegetables salad

鹰嘴豆杂蔬沙拉

157 Kcal

材料

鹰嘴豆70克，酸豆10克，小黄瓜、西芹、胡萝卜、黄彩椒各60克，鲜罗勒叶少许。

白酒醋迷迭香汁

酱汁材料 迷迭香油（做法见P003）适量，白酒醋20毫升，白糖8克。

酱汁做法 将白酒醋倒入碗中，放入白糖、迷迭香油拌匀即成。

做法

1 黄瓜取部分切丁，剩余切半月片；黄彩椒去蒂、籽，切成丁；胡萝卜去皮，切成丁；鲜罗勒叶切碎；西芹切成丁。

2 锅中倒水烧开，放入鹰嘴豆，煮15分钟，捞出，装碗。

3 将黄瓜丁、胡萝卜、西芹、鲜罗勒、黄彩椒、酸豆倒入碗中，搅拌均匀。

4 将黄瓜片点缀在盘边，倒入拌好的食材，淋入白酒醋迷迭香汁即可。

Tips

鹰嘴豆在煮前应预先泡6小时。

Stir-fried grain and lettuce salad

炒杂粮生菜沙拉

443 Kcal

材料

白洋葱、燕麦、玉米碎、小扁豆各50克，泡灯笼椒、生菜、蒜末、橄榄油、胡椒粉、盐、蚝油各适量。

蚝油芥末籽酱

酱汁材料 蒜末10克，辣椒末3克，葱末5克，白糖5克，芥末籽酱10克，白酒10毫升，蜂蜜5克，蚝油8克，橄榄油10毫升。

酱汁做法 所有材料拌匀即可。

做法

1 白洋葱、泡灯笼椒洗净，剁成末；生菜洗净，切成条。

2 锅中倒水烧开，倒入小扁豆、燕麦、玉米碎，煮20分钟，捞出。

3 锅中倒油烧热，倒入白洋葱、蒜末、泡灯笼椒爆香，放入煮好的杂粮炒匀，加盐、胡椒粉、蚝油炒匀盛出。

4 将生菜丝垫入盘底，放入模具，盛入炒好的杂粮，按压紧实，脱模，淋上蚝油芥末籽酱即可。

Tips

煮小扁豆前先浸泡2小时。

257 Kcal

Couscous with curried cauliflower salad
古斯米咖喱花菜沙拉

柠檬蛋黄咖喱酱

酱汁材料 柠檬汁8毫升，橙汁5毫升，芥末籽酱15克，固体酸奶10克，咖喱粉少许，蛋黄1个。

酱汁做法 把蛋黄、橙汁、固体酸奶、芥末籽酱、咖喱粉、柠檬汁放入碗中，搅拌均匀即可。

材料

古斯米40克，白色花菜30克，紫色花菜20克，橙子100克，蒜末、樱桃萝卜、咖喱油（做法见P006）各少许。

做法

1 将白色花菜、紫色花菜、橙子、樱桃萝卜洗净，放入碗中备用。

2 樱桃萝卜皮、橙子皮擦屑，橙子果肉切碎；白色花菜、紫色花菜切成小朵。

3 把白色花菜、紫色花菜、蒜末倒入碗中，加入咖喱油搅拌均匀，平铺在烤盘上，放入烤箱，以250℃烤7分钟，取出。

4 橙子果肉加300毫升水榨汁，倒入锅中，放入古斯米，盖上盖子，煮10分钟，盛出，拌入花菜、樱桃萝卜皮、橙子皮。

5 把古斯米装入盘中，淋上柠檬蛋黄咖喱酱即可。

Tips

古斯米是粗麦粉蒸制出的食物，富含膳食纤维、维生素及微量元素。

117 Kcal

Tomatoes with bread salad
番茄面包沙拉

巴萨米可醋酱

酱汁材料 红酒醋10毫升，巴萨米可醋15毫升，盐、胡椒粉各少许。

酱汁做法 把红酒醋、巴萨米可醋、盐、胡椒粉倒入碗中，搅拌均匀即可。

材料

全麦面包15克，番茄60克，四色圣女果50克，小黄瓜20克，奶油奶酪15克，黑橄榄、芝麻菜、鲜百里香各适量。

做法

1 把番茄、三色圣女果、小黄瓜、芝麻菜、黑橄榄、鲜百里香清洗干净，沥干水分。

2 将番茄切成瓣；四色圣女果、黑橄榄切成片；小黄瓜、全麦面包切菱形丁。

3 锅烧热，放入全麦面包丁，烤至变色，盛出。

4 将芝麻菜放入盘中，撒上鲜百里香，摆入番茄、圣女果、黑橄榄、奶油奶酪、面包丁、黄瓜丁，食用时淋入巴萨米可醋酱即可。

Tips

圣女果颜色呈深红色且色泽饱满，捏起来有硬度，叶子呈绿色不发黄的为新鲜。

286 Kcal

Chicken breast with quinoa salad
鸡胸肉藜麦沙拉

红酒醋洋葱酱

酱汁材料 红酒醋20毫升，洋葱粒5克，蒜末5克，白糖少许。

酱汁做法 把红酒醋、洋葱粒、蒜末、白糖倒入碗中，搅拌均匀即可。

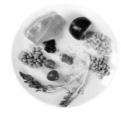

材料

鸡胸肉50克，藜麦30克，鹰嘴豆、青豆、罐头红腰豆、玉米粒各20克，圣女果15克，紫洋葱10克，芝麻菜、苦菊各10克。

做法

1 把鸡胸肉、藜麦、鹰嘴豆、青豆、玉米粒、圣女果、紫洋葱、芝麻菜、苦菊洗净。

2 将紫洋葱切丁；芝麻菜、苦菊撕成小叶；圣女果部分切瓣，剩余切片。

3 锅中注水烧开，放入鹰嘴豆，煮60分钟，捞出；倒入藜麦，煮15分钟，捞出；再把青豆、玉米粒放入锅中煮3分钟，捞出；把鸡胸肉放入锅中，煮约8分钟，捞出，切成丁。

4 把煮熟的藜麦摆在盘中，淋上红酒醋洋葱酱，再将剩余食材摆盘，食用前淋上红酒醋洋葱酱即可。

Tips

表皮干、包卷度紧密，透明表皮中带有茶色纹理的为优质洋葱。

260 Kcal

Steak with oat salad
牛排佐燕麦沙拉

咖喱沙拉酱

酱汁材料 固体酸奶10毫升，沙拉酱5克，咖喱粉3克，柠檬汁5毫升。

酱汁做法 把固体酸奶、沙拉酱、柠檬汁、咖喱粉倒入碗中，搅拌均匀即可。

材料

牛排150克，燕麦30克，冰菜30克，紫苏苗10克，细香葱少许，盐、料酒、橄榄油各少许。

做法

1 燕麦放入清水中浸泡60分钟。

2 把冰菜、紫苏苗、细香葱洗净，沥干水分。

3 牛排中加入盐、料酒拌匀，腌渍10分钟。

4 锅中注水烧开，放入燕麦，煮30分钟，捞出。

5 锅中注油烧热，放入牛排，小火煎至外皮微焦，取出，斜刀切片。

6 在盘中刷上咖喱沙拉酱，把熟牛排、燕麦、冰菜放入盘中，点缀紫苏苗、细香葱即可。

Tips

燕麦含有的水溶性膳食纤维是小麦和玉米的
4.7倍和7.7倍，有促进消化的作用。

299 Kcal

Pickled walnuts with oat salad

腌核桃佐燕麦沙拉

柠檬油醋酱

酱汁材料 柠檬汁15毫升，卡利提香脂醋5毫升，白糖、橄榄油、盐、胡椒粉各少许。

酱汁做法 把柠檬汁、卡利提香脂醋、橄榄油、白糖、盐、胡椒粉倒入碗中，搅拌均匀即可。

材料

燕麦30克，核桃20克，罐头红腰豆20克，蔓越莓干10克，芝麻菜10克，枸杞芽5克，八角、桂皮、细香葱各适量，红酒醋、巴萨米可醋、白糖各少许。

做法

1 燕麦放入清水中浸泡60分钟。

2 把芝麻菜、枸杞芽、细香葱洗净，沥干水分。

3 锅中注水烧开，放入燕麦，煮30分钟，捞出。

4 锅中注入少许清水，倒入红酒醋、巴萨米可醋、桂皮、八角、白糖烧开，放入核桃，煮5分钟，关火，放凉，捞出。

5 将熟燕麦、蔓越莓干、红腰豆拌匀，用圆形模具压成圆柱状，摆在盘中，放上腌核桃，点缀芝麻菜、枸杞芽、八角、细香葱，食用前淋柠檬油醋酱即可。

Tips

挑选燕麦时，应选择颜色白里带黄或者褐色的，尽量挑选完整的，闻起来带有天然燕麦味的。

110 Kcal

健康瘦身吐司沙拉

菠菜酸奶酱

酱汁材料 菠菜15克，杏仁碎20克，蒜末15克，奶油奶酪5克，固体酸奶20克，白糖、盐各少许。

酱汁做法 菠菜煮熟，加入杏仁碎、水、盐、白糖打成泥，即菠菜酱；把固体酸奶、蒜末、杏仁碎、奶油奶酪打成泥，即酸奶酱。

材料

全麦面包25克，圣女果30克，鹰嘴豆15克，黄彩椒20克，黑橄榄10克，白色花菜、紫色花菜、宝塔花菜各20克。

做法

1 鹰嘴豆在清水中浸泡8小时；圣女果、黄彩椒、黑橄榄、白色花菜、紫色花菜、宝塔花菜洗净。

2 锅中注水烧开，倒入鹰嘴豆，煮60分钟，捞出。

3 面包沿对角线切开；圣女果、黄彩椒、黑橄榄切粒；白色花菜、紫色花菜、宝塔花菜切小朵。

4 锅烧热，倒入三种花菜，炒至微微发黄，盛出。

5 把菠菜酱、酸奶酱分别涂在两块全麦面包上，菠菜酱上放圣女果粒、黄彩椒粒、鹰嘴豆、黑橄榄粒；酸奶酱上摆白色花菜、紫色花菜、宝塔花菜即可。

Tips

把料倒入沙拉碗中时，可用一张白纸隔开两边，分别
倒入菠菜酱、酸奶酱，达到分界效果。

295 Kcal

Octopus with beans salad
八爪鱼杂豆沙拉

罗勒橄榄油

酱汁材料 罗勒油（做法见P003）20毫升，盐、胡椒粉、罗勒叶各少许。

酱汁做法 把罗勒叶切碎，拌入盐、胡椒粉，放入罗勒油中点缀即可。

材料

八爪鱼100克，青豆、白芸豆、罐头红腰豆各30克，圣女果30克，全麦面包15克，苦菊20克，盐、料酒各适量。

做法

1 将八爪鱼清理干净；清洗青豆、白芸豆、圣女果、苦菊。

2 圣女果切圆片；全麦面包切等腰三角形。

3 锅中注水烧开，把白芸豆放入锅中，煮30分钟，再放入青豆，煮5分钟，捞出。

4 锅中注水烧开，放入八爪鱼，加入盐、料酒，煮至熟透，捞出。

5 将全麦面包放入烤箱，以180℃烤5分钟，取出。

6 盘中铺上苦菊，把青豆、白芸豆、红腰豆、八爪鱼放入盘中，摆上圣女果、全麦面包，淋上罗勒橄榄油即可。

Tips

煮前把白芸豆放入冷水中浸泡1小时，更容易煮软。

208 Kcal

Stewed rice with mushroom salad
蘑菇炖饭沙拉

蘑菇泥酱

酱 汁 材 料 白玉菇、滑子菇、海鲜菇各10克，芝麻酱8克，固体酸奶15克，蒜末少许。

酱 汁 做 法 所有食材打成泥即可。

材料

古斯米50克，海鲜菇、白玉菇、滑子菇各30克，紫洋葱30克，柠檬、帕玛森芝士、水芹菜、橄榄油、料酒各少许。

做法

1 洗净白玉菇、滑子菇、海鲜菇、柠檬、水芹菜、紫洋葱。

2 水芹菜切末；柠檬、帕玛森芝士擦屑；紫洋葱切丝；把古斯米放入水锅中，倒入蘑菇泥酱，煮5分钟，关火焖7分钟，盛出。

3 起油锅，放白玉菇、滑子菇、海鲜菇，淋料酒，翻炒出香味，盛出。

4 把古斯米倒入盘中，堆上备好的洋葱丝、炒蘑菇，围上一圈柠檬皮屑、水芹菜碎、芝士屑即可。

Tips

白玉菇应选通体洁白的；滑子菇应选菌盖直径不超过2厘米，且菌柄整齐结实的；海鲜菇应选菌盖平展、表面平滑的。

Roasted zucchini and eggplant salad

烤节瓜茄子沙拉

162 Kcal

材料

节瓜70克，茄子60克，全麦面包15克，奶油奶酪30克，芝麻菜、鲜迷迭香、枸杞芽、橄榄油、盐各适量。

迷迭香巴萨米可醋酱

酱汁材料 巴萨米可醋20毫升，橄榄油、鲜迷迭香各适量。

酱汁做法 把巴萨米可醋倒入碗中，放入鲜迷迭香，滴入橄榄油即可。

做法

1 洗净节瓜、茄子、芝麻菜、鲜迷迭香、枸杞芽。

2 将全麦面包切成三角形；节瓜、茄子切成小瓣；奶油奶酪用电动搅拌器打至顺滑，用勺子定型。

3 在节瓜、茄子表面刷上橄榄油，撒上少许盐，放入烤箱，以180℃烤10分钟，取出；再将全麦面包放入烤箱，烤至酥脆，取出。

4 把芝麻菜、枸杞芽垫入盘中，再放入节瓜、茄子、全麦面包、奶油奶酪，撒上鲜迷迭香，食用时淋入迷迭香巴萨米可醋酱即可。

Tips

挑选茄子时，应选择颜色红紫或黑紫，且色泽乌黑亮丽的。

Macaroni salod

通心粉沙拉

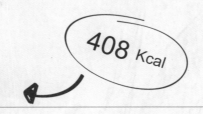

408 Kcal

材料

通心粉70克，胡萝卜50克，鸡蛋1个，午餐火腿50克，虾仁5个。

 酸奶沙拉酱

酱汁材料 盐2克，胡椒粉3克，白糖5克，酸奶15克，沙拉酱10克。

酱汁做法 碗中倒入白糖、胡椒粉、盐、酸奶、沙拉酱，搅拌均匀即可。

做法

1 胡萝卜、午餐火腿、虾仁洗净，切成丁。

2 锅中倒水烧开，放入鸡蛋，大火煮至熟透，捞出，去壳，切成丁；再放入虾仁，余至熟透，捞出。

3 另起锅，倒水烧开，放入通心粉，煮7分钟，捞出，装入碗中，加入胡萝卜丁、虾仁、熟鸡蛋丁、火腿丁，搅拌均匀。

4 将沙拉摆入盘中，淋上酸奶沙拉酱即可。

Tips

通心粉可适当多煮一会儿。

115 Kcal

Black rice and quinoa salad

黑米藜麦沙拉

青椒柠檬醋酱

酱汁材料 柠檬醋20毫升，青椒碎10克，橄榄油、盐、白糖各少许。

酱汁做法 将青椒碎、柠檬醋、盐、白糖搅拌均匀，滴入橄榄油即可。

材料

藜麦40克，黑米30克，口蘑30克，胡萝卜20克，青椒、豆苗各少许，固体酸奶、RIO果冻（做法见P008）各适量。

做法

1 将口蘑、胡萝卜、青椒、豆苗清洗干净，备用。

2 口蘑切片；胡萝卜、青椒切成碎。

3 锅中注水烧开，倒入口蘑煮1分钟，捞出；倒入藜麦，煮15分钟，捞出；再倒入黑米，煮30分钟，盛出。

4 把藜麦、黑米、胡萝卜碎、部分青椒碎混在一起，加入固体酸奶搅拌均匀，用模具压成圆柱形，移入盘中。

5 把口蘑、豆苗、青椒碎摆入盘中，点缀蓝色RIO果冻，食用时淋入青椒柠檬醋酱即可。

Tips

黑米在煮之前应放入清水中浸泡30分钟。

209 Kcal

Black onigiri salad
黑米饭团沙拉

青椒豆腐酱

酱汁材料 豆腐泥15克，柠檬汁20毫升，青椒碎、蜂蜜各适量，盐少许。

酱汁做法 把豆腐泥、柠檬汁、蜂蜜、盐放入搅拌机拌匀，撒入青椒碎即可。

材料

黑米50克，冰菜30克，土豆40克，红彩椒30克，小黄瓜30克，白洋葱适量，紫苏苗少许。

做法

1 把黑米放入清水中浸泡30分钟。

2 将冰菜、土豆、红彩椒、小黄瓜、白洋葱、紫苏苗清洗干净，备用。

3 土豆去皮，切成丁；红彩椒、小黄瓜、白洋葱切成碎。

4 锅中注水烧开，放入土豆丁煮至熟软，捞出，放凉；倒入黑米，煮20分钟，盛出。

5 土豆压成泥，倒入黑米、红椒碎、小黄瓜碎、白洋葱碎混在一起捏成球形，摆入盘中，倒入青椒豆腐酱，点缀冰菜、紫苏苗即可。

Tips

冰菜富含氨基酸、矿物质、抗酸化物质。

Couscous pepper cup salad

水果彩椒古斯米沙拉

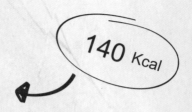

140 Kcal

材料

三色水果彩椒各1个，古斯米30克，洋葱20克，红椒、青椒各30克，鲜迷迭香、盐各适量。

芥末籽洋葱酸奶酱

酱汁材料 洋葱末10克，芥末籽酱10克，固体酸奶20克，盐少许。

酱汁做法 将洋葱末、芥末籽酱、固体酸奶、盐混合均匀即可。

做法

1 把三色水果彩椒、洋葱、红椒、青椒、鲜迷迭香清洗干净，沥干水分。

2 水果彩椒切开顶部，去瓤，制成彩椒盅；洋葱、红椒、青椒切末。

3 锅中注水烧开，放入古斯米，煮10分钟，放入洋葱末、红椒末、青椒末，撒上少许盐、迷迭香，煮5分钟，取出放凉，填入彩椒盅内。

4 将迷迭香点缀在盘中，放入彩椒盅和盅盖，食用时淋入芥末籽洋葱酸奶酱即可。

Tips

挑选彩椒时，应选择表皮光滑有光泽，掂量起来较有分量，闻起来有清新蔬果味的。